日本人の源流

核DNA解析でたどる

斎藤成也
国立遺伝学研究所教授

河出書房新社

〝起源研究〟に革命をもたらした核DNA解析で、何がどこまでわかったのか——はじめに

日本人の源流をたどるには

本書は、わたしたち日本人の源流、すなわち「起源」を、DNAの情報にもとづく最新の研究結果を中心に、解き明かそうとするこころみである。

そもそも、じぶんの起源をたどるというのは、どういうことだろうか。わたしたちひとりひとりに、母親と父親がいる。そして4人の祖父母がおり、曽祖父母が8人、4世代前は16人、5世代前は32人、6世代前の先祖は64人である。1世代は、子供を出産したときの親の年齢を平均したものである。かりに1世代を25年とすれば、6世代前は、今から150年ほど前になる。現在を2017年とすれば、1867年。ちょうど明治維新のころだ。

2017年現在の日本の人口はおよそ1億2500万人である。このひとりひとりをうみだすのに、150年前までたどると、64人の先祖が必要となる。すべての日本人の先祖を合計すると、80億人となる。150年前にそんなに多くの人口が日本列島にいたわけではない。なにかパラドックスのようにも聞こえるが、計算まちがいではない。実はこの数字は、あくまでも「延べ人数」であ

り、実際に存在した人数のことをいっているわけではないのだ。延べ人数よりも実際の人数がずっとすくないのは、同じ人間が複数の人の先祖になっていることが、とても多いからだ。つまり、われわれはみな親戚なのである。ふつうには血縁関係がない「赤の他人」だと思っていても、実際にはみなＤＮＡでつながっているのだ。

ひとりの人間の系図をさかのぼって、延べ人数としての多数の先祖を考えてみると、そのなかに同じ人間が登場することがある。たとえば、いとこ結婚をした人が系図のなかにあれば、そのようなことがおこる。ひとりの人間の系図中に同じ人間がくり返しあらわれるので、延べ人数が膨大であっても、実際に存在した人間の数は限られてくるのである。つまり、わたしたちの祖先は、遺伝的に近い遠いの差はあれ、親戚どうしでの結婚をくり返してきたのである。

世の中には、じぶんの家系を誇らしげに語る人がいる。かりに20世代前、およそ５００年ほど前までさかのぼると、ひとりの人間の先祖の「延べ人数」は2の20乗であり、１００万人を軽く超えてしまう。実際の先祖の数は、親戚同士の結婚による先祖の「重なり」があるために、もっとすくないが、それでも数千人がひとりの先祖となっているだろう。わたしたちひとりひとりが、それらすべての先祖と等しくつながっているのだ。誇らしげに語られるご先祖様は、そのなかのひとりにすぎない。遺伝的には、過去に生きていたたくさんの人々からすこしずつＤＮＡが受け継がれて、現在に生きているひとりの人間がいるのだ。

逆にいえば、ひとりの日本人の起源を調べただけでも、数百年前に生きていた数千人に行き着くことができるのだ。そんなことがはたして可能だろうか？　ＤＮＡを調べることができれば、簡単である。親と子がＤＮＡによってつながっているのだから、そのつながりをさかのぼればよいのだ。

ヒトゲノムの決定からもたらされた起源研究の「革命」

わたしたちの生命は、母親の卵《らん》に父親の精子が飛びこんで、両者が合体する「受精」から出発する。このとき、卵にある22本の常染色体《じょうせんしょくたい》とX染色体が、精子のもたらした22本の常染色体と1本の性染色体（X染色体またはY染色体）があわさって、46本の染色体からなる受精卵が誕生する。この単一の細胞が分裂をくり返すことにより、ひとりの人間がかたちづくられてゆくのだ。卵と精子にはいっていた23本の染色体（図1を参照）は、「ヒトゲノム」とよばれている。

このヒトゲノムは、アルファベット4文字（A、C、G、T）で32億個を用いて表現される、膨大なＤＮＡの情報でもある。これらのＤＮＡ情報が、２００４年になってほぼ解明された。これ以降、まだ10年ちょっとしか経っていないが、人間の遺伝子を研究する分野には、革命といっていいような一大変化があった。

人間の起源も、これまでとは比較にならないくらい、くわしく調べることが可能になったのである。十数年ほど前までは、ヒトゲノム中のわずか数十か所しか調べることができなかったが、現在

図1：ヒトゲノムを構成する染色体

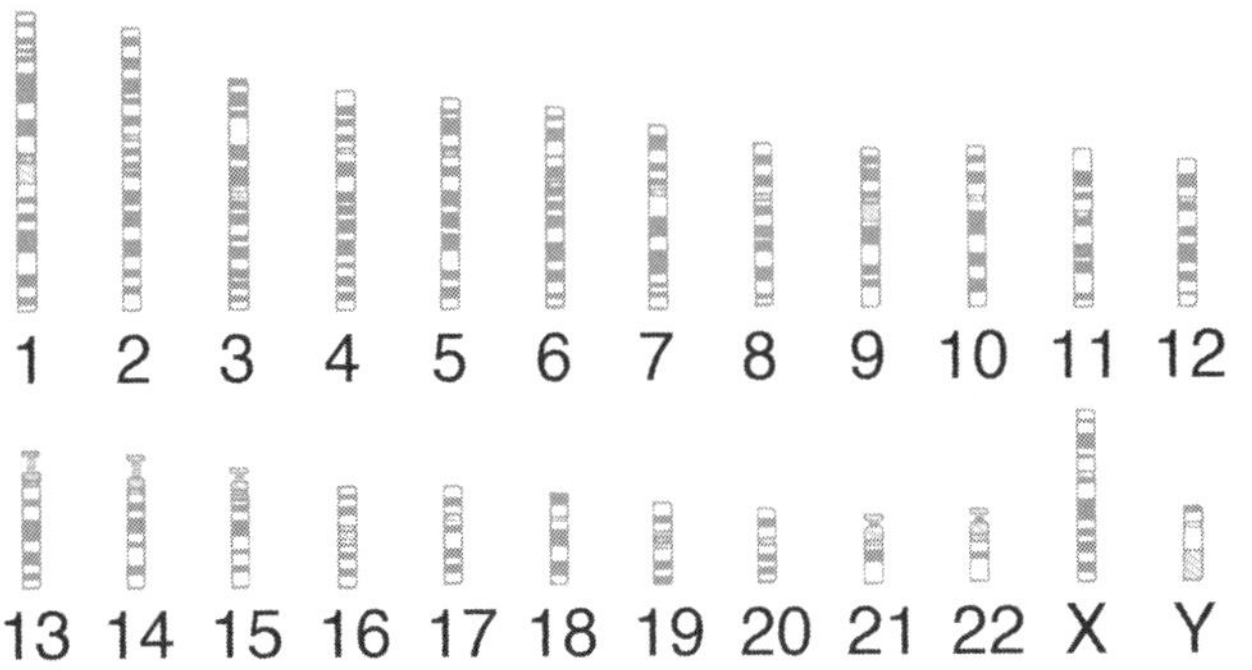

第1染色体から第22染色体は、母親と父親から同じセットが伝えられ、「常染色体」とよぶ。X染色体とY染色体は「性染色体」とよび、男性はX染色体とY染色体が1本ずつ、女性はX染色体が2本ある。男性のY染色体は父親から、X染色体は母親から伝えられるが、女性の2本のX染色体は父親と母親から1本ずつ伝えられる。斎藤成也（2007）より。

では１００万か所を調べることが簡単にできる。これは、あたかも電子顕微鏡の登場によって、光学顕微鏡に比べて数万倍も解像度があがった細胞学における大革命に匹敵する、人類進化学における一大ジャンプなのだ。本書で紹介する縄文時代人のゲノムＤＮＡ研究も、この「革命」の恩恵を受けて莫大な情報が得られ、縄文人の起源について、まったく新しい展開をみせている。

　さらに、最近の急速な技術革新により、10年前には数億円の研究費をついやし、数年かけてようやく決定することができたヒトゲノムの塩基配列が、現在では、わずか数万円で、しかも１

週間ほどで決定できるようになってきた。日本でも、東北大学のメディカルメガバンク機構は、宮城県に在住する1000人のゲノム配列を2015年に決定している。ゲノム配列を多数の人々について決定できれば、それらの膨大な情報は、革命を持続させる大きな波となって、人類の起源研究が進むだろう。本書では、人類遺伝学におけるこれらの「革命」によってわかってきた、日本人の源流に焦点をあてて論じてゆく。

日本人の先祖としてのヤポネシア人

本書のタイトルに登場する「日本人」は、どんな人々だろうか。ひとくちにいっても、そこにはいろいろな意味がある。法律的には、日本の国籍を持つ人であり、その大部分は日本語を母国語としている。しかし、遺伝的な出自を重視すれば、いわゆるハーフの人々は、文字どおり半分だけ日本人ということになる。したがって、先祖の大部分がおそらくみな日本人だろうという人たちを、わたしたちはばくぜんと「日本人」とよんでいることになる。

21世紀の今に生きているわたしたちについては、日本人という名称は、そんなに違和感がないだろう。しかし、日本人の源流を考えると、歴史をどんどんさかのぼってゆく必要がある。「日本」という名称は、そもそも7世紀ごろに、当時の大和朝廷でつくられたものだ。それ以前には、言葉としては「日本人」は存在しない。このため、「倭人《わじん》」という言い方をすることがある。しかし「倭」

は中国からみた呼び名であり、これも先史時代にさかのぼると、やはり不適切になる。

そもそも、人間の集団の呼び名は、世界のどこでも大問題なのだ。かつてはアフリカの人々を専門用語でネグロイドとよんでいた。しかし、ネグロとは「黒い」という意味であり、結局「黒人」という言葉と結びつく。これは差別につながるとされて、最近では、人類の起源をさぐる研究分野では、「アフリカ人」というようになっている。同様に、かつて人種の名前として使われていたモンゴロイドとコーカソイドも、彼らがおもに住んでいる地域にしたがって、「東ユーラシア人」「西ユーラシア人」とよぶことが、現在では一般的である。そもそも、「人種」という言葉も、人間の起源をさぐる研究分野では、死語となりつつある。

日本人を、「日本列島人」とよぶことがある。私が2015年に発表した『日本列島人の歴史』(岩波ジュニア新書)はその代表である。しかしながら、地名にもまた問題が存在する。そもそも、「日本」という単語がはいっているではないか。そこで、特に古い時代の日本列島人について、私は『日本列島人の歴史』のなかで「ヤポネシア人」とよんだ。「ヤポ」は日本をラテン語ではヤポニアとよぶことから、「ネシア」は「ポリネシア」や「ミクロネシア」というように、島々を意味する。この言葉は、長く奄美大島に住んだ作家の島尾敏雄が、1960年代に提唱したものだ。ヤポネシアにも「日本」が関係しているが、単語としては、すこし離れた感じになる。本書でもこの「ヤポネシア人」があちこちで登場する。

4万年前ごろから日本列島に住みはじめていたヤポネシア人。彼らから現在の日本人まで、DNA的にどのようにつながっているのか。さらには、ヤポネシア人が日本列島に渡来してきた以前の彼らの先祖はどうだったのか。これらの謎を、21世紀における人間の起源研究にもたらされた革命的情報爆発によって語るのが、本書の中心テーマである。

日本人の源流をめぐる謎

日本人の源流に興味のある読者は、「二重構造モデル」という言葉を聞かれたことがあるかもしれない。1980年代に、多数の人骨を統計的に比較した研究結果から提案されたこのモデルでは、日本列島に渡来してきた人々を、時代的に大きく縄文時代までと弥生時代以降の二段階にわけて考える。人々の生活も、これらふたつの時代では大きく異なっている。縄文時代までは採集狩猟《さいしゅうしゅりょう》が、弥生時代以降は稲作農耕が中心だった。

縄文時代には、北海道から沖縄まで、日本列島全体に縄文時代人が住んでいたが、弥生時代になって、大陸から渡来した人々により、水田稲作が伝えられた。最初に導入されたのは、3000年ほどまえ、九州北部地帯だとされている。水田稲作によってコメをつくる技術は、九州の北部から南部へ、また中国四国、近畿、中部、東北、関東へと、ゆっくりと伝わっていった。

農耕によってコメが生産されるようになると、採集狩猟の生活よりもずっと多くの食糧が確保できる。このため渡来民の人口が増えてゆき、やがて縄文時代以来の土着民の子孫と混血していった。ところが、日本列島は南北に長いこともあり、南の島々（現在の奄美大島《あまみおおしま》や沖縄にあたる）と、北海道地方には、水田稲作は長いあいだひろがらなかった。このため、縄文時代以来の土着民と弥生時代以降の渡来民の子孫の混血が、それ以外の地域と比べて、おこりにくかった。

以上の歴史的地理的な状況から、日本列島の南と北には、それ以外の地域と比べて、縄文時代人の血をより色濃く伝えている人々が存在しているのだとするのが、二重構造モデルだ。わたしたちの研究グループは、日本列島の三集団（アイヌ人、オキナワ人、ヤマト人）のＤＮＡを調べた結果を２０１２年に論文として発表し、基本的にこの二重構造が存在していることをしめした。

では、二重構造モデルの基盤となる、縄文時代までの人々と弥生時代以降の渡来人のそれぞれの源流は、どこだろうか？　実は、どちらもまだ諸説があり、よくわかっていないのである。二重構造モデルが最初に提唱されたのは、いろいろな遺跡から発見される人骨のかたちを比較した結果だ。古い時代になると、発見される人骨もきわめて少数になってしまうのだが、そのとぼしい情報から、縄文人の祖先は東南アジアからきたのではないかと推定した仮説がある。一方、弥生時代以降の渡来人の源郷は、北東アジアだと考えられた。

古い時代の遺跡から発見された人骨も、新しい時代の人骨も同時に比較できる研究と異なり、現在生きている人々のＤＮＡを調べる研究では、過去の人々がどの地域にいたのかをたどるのは簡単ではない。それでも、現在の人々の地理的分布から類推して、縄文人の祖先は東南アジアからとか、あるいは北東アジアからだとか、いろいろな説がとなえられた。

そこで、縄文時代人のゲノムDNAが登場する。過去に生きていた人々の残した骨や歯のなかには、微量ながら彼らのDNAが残っていることがある。それを調べることができれば、縄文人のゲノムを直接知ることができる。3章でくわしく紹介するが、わたしの研究グループは、縄文時代人のゲノムDNAの情報を決定することにはじめて成功し、論文を2016年に発表した。そしてその結果、縄文人は現代の東南アジア人とも、北東アジア人とも近くなかったのである。縄文人の起源をさぐる旅は、振り出しにもどったのだ。謎は深まるばかりである。

日本語もまた、謎に満ちあふれている。縄文時代から現在まで、日本列島でずっと日本語が話されているとしたら、やはり日本列島で話されてきたアイヌ語と、どうしてこんなに異なっているのだろうか？　逆に、弥生時代になって農耕を伝えた人々が、日本列島に日本語をもたらしたのだとしたら、どうして日本語に似た言語がユーラシア大陸には存在しないのだろうか。また、アイヌ人とDNAの共通性を持つオキナワ人の言語（琉球語）が、どうして日本語とこんなに近いのだろうか。日本語にはこのような謎がいろいろとあるので、本書は日本人の源流をおもにDNAの観点からさぐってゆくが、時には言語などの他の分野にも注意をはらって論じてゆきたい。

本書は、つぎのような構成となっている。

1章「ヒトの起源」では、ヒトとチンパンジーの共通祖先が生きていた700万年前からアフリカで新人が誕生するまでを、駆け足で解説している。

2章「出アフリカ」は、7~8万年前と考えられている新人のアフリカからユーラシアへの拡散を論じる。特に、日本列島とも地理的に遠くない東南アジアでの人類の進化をくわしく説明した。

3章「最初のヤポネシア人」は、縄文人の核ゲノム塩基配列を決定して解析したわれわれの研究成果の紹介が中心である。

4章「ヤポネシア人の二重構造」では、これまでの日本人の起源研究をふりかえりつつ、アイヌ人とオキナワ人の核ゲノムの膨大な多様性データが、基本的には「二重構造モデル」を支持することをしめした。

5章「ヤマト人のうちなる二重構造」は、現代日本列島の大多数を占めるヤマト人のなかにも二重構造があることを、別の核ゲノムデータから浮かび上がらせ、あたらしい三段階渡来説を提唱した。

6章「多様な手法による源流さがし」では、これまで人類進化研究の中心だったY染色体やミトコンドリアDNA解析の最新情報を中心に紹介した。最後に、いくつかの基礎知識について巻末解説をもうけた。

本書が、日本人、日本列島人、あるいはヤポネシア人の起源と成立について、読者にあたらしい感興をあたえることができれば、さいわいである。

1章 ヒトの起源

猿人、原人、旧人、新人…人類はいかに進化してきたのか

2章 出アフリカ

日本人の祖先は、アフリカ大陸からどう移動していったのか

3章 最初のヤポネシア人

日本列島に住むわれわれの源流を探るアプローチ法とは

4章 ヤポネシア人の二重構造

縄文人と弥生人は、いつ、どのように分布したのか

5章　ヤマト人のうちなる二重構造

従来の縄文人・弥生人とは異なる「第三の集団」の謎

6章 多様な手法による源流さがし
Y染色体、ミトコンドリア、血液型、言語、地名から探る

巻末解説

カバーデザイン◉川上成夫
カバー画像◉アフロ
扉イラスト◉藤枝かおり
図版作成◉藤枝かおり／水口昌子／新井トレス研究所

1章 ヒトの起源

猿人、原人、旧人、新人…人類はいかに進化してきたのか

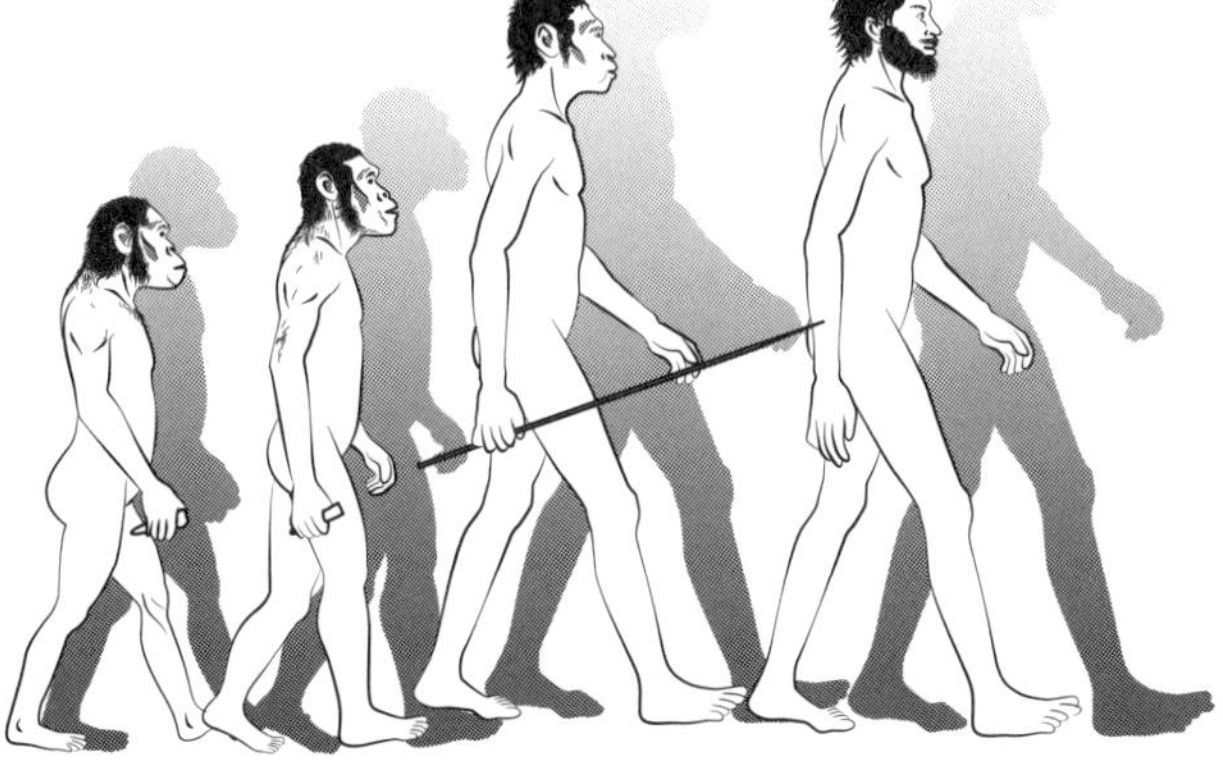

実は諸説ある人類進化の系統樹

「はじめに」で論じたように、わたしたちの先祖は、どんどん過去にさかのぼることができる。１万年前に生きていた先祖は、日本列島かあるいはユーラシアのどこかにいただろう。10万年前の先祖は、アフリカとユーラシアのあたりで、１００万年前にさかのぼると、大部分の先祖はアフリカにいた。さらに10倍して、１０００万年前になると、チンパンジーの先祖とも共通になってしまう。

ここまでくると、現代のわれわれとはかなり縁遠くなってしまうので、日本人の源流をたどる旅の出発点を、チンパンジーの祖先とヒトの祖先がわかれはじめたころに設定しよう。

人間を片仮名で「ヒト」と書くと、生物学ではホモ・サピエンス（Homo sapiens）という特定の生物種をあらわすことになっている。前半のホモはラテン語で「人間」をあらわし、属名とよぶ。現在生きている生物でホモ属に含まれるのは、ヒトだけである。後半のサピエンスは、ラテン語で「かしこい」を意味する形容詞である。日本人、あるいはヤポネシア人はヒトに含まれるので、本章では、そもそもヒトの起源はどういうものなのかをまず議論することにしよう。

現代の人々につながる人類の系統樹がたくさん発表されているが、その大部分は化石による推定だ。しかし、化石ごとにいろいろな名前がつけられており、きわめて錯綜《さくそう》している。また、ある化石が人類の系統のどこに位置するのかも、いろいろな仮説があり、決定的なものはないといっていいだろう。そこで、図2に、チンパンジーとボノボの祖先と約700万年前に分岐《ぶんき》してからの、ヒトの系統の概念図をしめした。人類進化を説明するときに、日本ではむかしから猿人・原人・旧人・新人の4段階で説明することが多い。図2でも、読者の理解の助けになるよう、これらの単語を用いた。横顔のイラストでこれら4種類の人類の出現時期をしめしてある。

猿人から原人へ進化した証拠とは

チンパンジーとボノボの祖先からヒトの系統がわかれた時点で、ひろい意味での猿人が登場した。約700万年ほど前のことである。なお、この年代は、原裕一郎・颯田《さった》葉子・今西規《ただし》が2012年にゲノム配列を詳細に比較して発表した論文の推定値から採用したものである。

猿人には、がんじょう型やきゃしゃ型など、いろいろな骨の形をもつ系統があらわれ、1925年にレイモンド・ダートが発見したアウストラロピテクスや、ティム・ホワイトと諏訪元《げん》らの研究チームが長年研究しているアルディピテクスなど、多様である。これらの猿人のひとつの系統から、原人が誕生した。およそ300万年前のことである。

猿人と原人の違いは、実際には連続的なので、なかなか区別がむずかしい。ただ、脳容積がチンパンジー並みだった猿人と異なり、原人はその進化のあいだに脳容積をぐんと増加させた。アフリカだけにとどまっていたと思われる猿人と異なり、原人の一部はユーラシアにも拡散していった。

図2：ヒトの起源をものがたる概念図

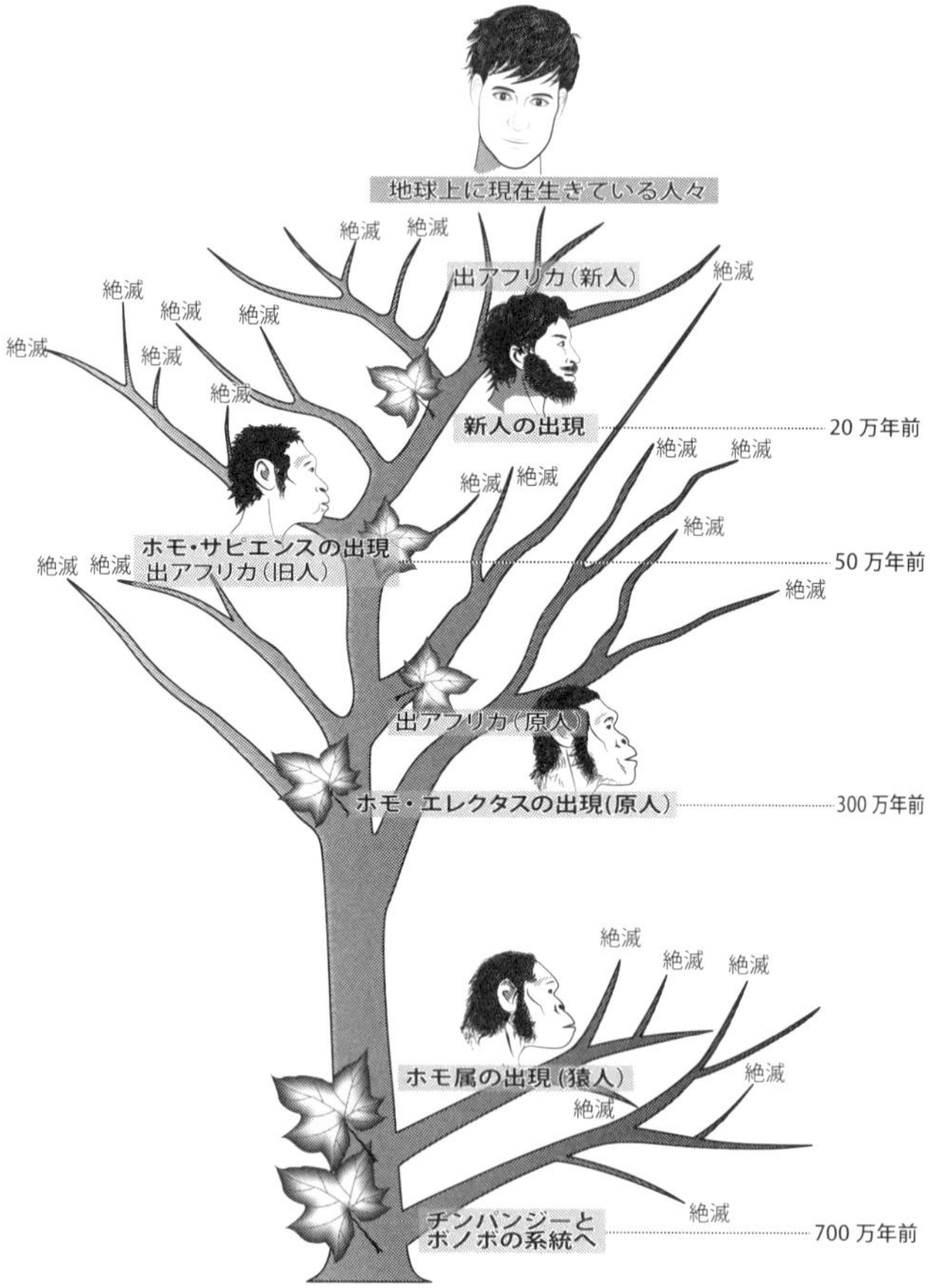

系統樹のかたちで、過去700万年におよぶヒトの系統の進化を概念的にしめした。多くの系統が絶滅していったことに注意されたい。なお、この図には系統間での遺伝的交流、つまり混血については複雑になるので、描いていない。

ヨーロッパ、中央アジア、東南アジア（ジャワ原人やフローレス原人）、東アジア（北京原人など）で、原人の化石が発見されている。

これまで、猿人や原人が生きていたという証拠は、化石だけだった。しかし、最近になってネアンデルタール人やデニソワ人といういわゆる旧人にあたる人々のゲノム配列が決定され、それらの一部が私たち現在に生きる人間にも伝えられていることがわかってきた。さらに、一部分ではあるが、原人のゲノムすら、これらの旧人を経て、あるいは直接原人から私たち新人に伝えられてきたのではないかという推定がなされつつある。今後は、化石だけでなく、ゲノム塩基配列の情報からも、原人の姿をかいまみることが可能になってゆくだろう。

ともにアフリカで出現した旧人と新人

人類進化で原人の次の段階は、旧人だ。ネアンデルタール人が旧人の代表である。1997年に、ネアンデルタール人のミトコンドリアDNAが現代人とははっきり異なることがしめされた。21世紀になり、ヒトゲノムの塩基配列が決定されると、これまでミトコンドリアDNAだけが決定されていたネアンデルタール人についても、ゲノム配列が決定されるようになった。そして、せいぜい数％ではあるものの、アフリカ人以外の現代人にはネアンデルタール人のゲノムが伝えられているという結果が得られたのである。

旧人は、原人の系統から、おそらくアフリカのどこかで出現した。およそ50万年ほど前だと考えられている。彼らの一部がまずアフリカからユーラシアに移動していったものが、ネアンデルタール人である。2章で説明するが、現在のところはゲノム配列でしかその存在がよくわかっていないデニソワ人も、系統的には旧人であると考えられている。

約20万～30万年前に、アフリカのどこかで、旧人のなかから新人が出現した。新人が起源した地は、東アフリカのどこかだろうと長く考えられてきたが、最近30万年前の西アフリカの遺跡から新人の化石が発見されている。高畑尚之は1993年に、新人の祖先集団の人口（専門用語では「集団の有効な大きさ」とよぶ）を、およそ1万人であったと推定した。その後もっと大きなデータからの推定値も、これに近い値となっている。採集狩猟民の人口密度は、おおよそ1平方キロメートルあたり1人なので、1万人だと、たとえば100キロメートル四方に居住していたことになる。このような地域ならば、アフリカのサバンナにはあちこちにある。このため、現在のところ、新人の起源地だと特定できる地はない。

アフリカで誕生した新人は、その後原人や旧人がたどったのと同じように、ユーラシアにひろがっていった。わたしたち新人は、現在では地球上のほぼ全体に居住しているので、同じホモ・サピエンスだった旧人と比べて、両者のあいだには能力的に大きな差があったと考えられることが多いが、明確な根拠があるわけではない。人間にだけ存在すると考えられる言語能力に関しても、旧人も持っていたとする説と新人だけが持つとする説があり、はっきりとした決着はついていない。

DNA情報から推定されたヒトの進化

これまで紹介してきたヒトの進化は、ヒトとチンパンジーとの比較を除くと、化石の証拠にもとづくものである。古代DNAの研究が始まった1980年代まで、DNAやそれに直結するタンパク質を用いた研究は、実際に生きている生物の比較が中心だった。1960年代にルカ・キャバリスフォルザらが解析した、ABO式など数種類の血液型のデータにもとづく研究では、アフリカ人とヨーロッパ人が近縁であり、一方でアジア人とアメリカ人が近縁だった。

その後、1970年代に根井正利らが解析したタンパク質のデータにもとづく結果は、アフリカ人が最初にわかれて、ヨーロッパ人とアジア人が近縁になった。1980年代には、いよいよDNAを直接調べることができるようになった。アラン・ウィルソンらが推定したミトコンドリアDNAの系統樹は、共通祖先からアフリカ人の系統が何度も分岐していた。このことから、現代人の祖先はアフリカで誕生し、その後全世界にひろまっていったとする考え方が登場した。

この「アフリカ単一起源説」は、現在では定説となっているが、当時は「多地域進化説」という、アフリカ、ヨーロッパ、アジアで独立に、原人から旧人を経て新人に進化していったという説もあり、対立していた。しかし、ミトコンドリアDNAを皮切りにして、他のいろいろな研究が進み、

図3：新人とネアンデルタール人の
ミトコンドリアDNAゲノム系統樹

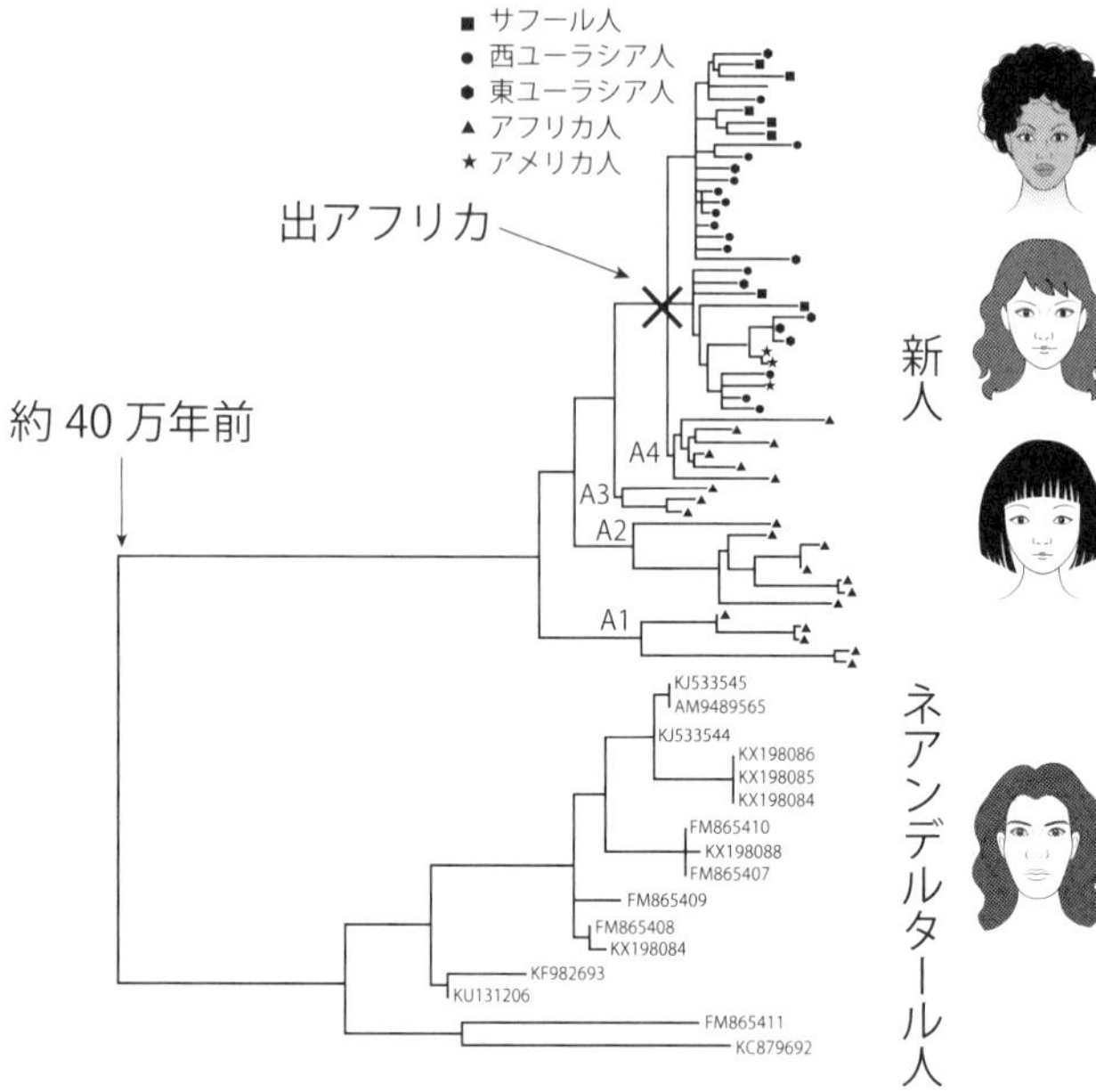

現在では新人がアフリカで生じて、その後全世界にひろまっていったというアフリカ単一起源説が正しいとされている。

ミトコンドリアDNAの全塩基配列が決定されている現代人52人（イングマンらの論文より）とネアンデルタール人16人（国立遺伝学研究所で運営されている日本DNAデータバンクから塩基配列データを取得した）について比較して描いた系統樹を、図3にしめした。現在アフリカに住んでいる人のミトコンドリアDNAが、系統A1、A2、A3と分岐したあとに、アフリカ以外であるヨーロッパ、アジア、オセアニア、アメリカにわかれている。この枝分かれパターンから、点×がアフリカを出ていった人間の位置をあらわしていると推定される。このように、10万年以上にわたる人類の進化を大づかみに把握するには、ミトコンドリアDNAでもそれなりの結論をだすことが可能である。ネアンデルタール人のミトコンドリアDNAについても、彼らなりに多様化していることがわかる。

ミトコンドリアDNAの特徴

ミトコンドリアDNAは、細胞の核内にある46本の染色体と異なり、核外のミトコンドリアという構造（専門用語でオルガネラとよぶ）のなかにある。核は細胞中に1個しかないが、ミトコンドリアは、ひとつの細胞に数十から数百個存在することがある。

染色体のなかにあるDNAが、染色体の端から端まで線状につながっているのに対して、ミトコンドリアDNAは環状である。また、もっとも短い21番染色体でも、長さが3000万塩基以上あるのに対して、ミトコンドリアDNAは1万6500塩基ほどしかなく、とても小さい。このように小さいので、多くの情報を運んでいるわけではない。核内にある46本の染色体が2万個あまりの遺伝子を持っているのに対して、ミトコンドリアDNAは13個のタンパク質と24個のRNAの情報を運んでいるにすぎない。

しかし、ミトコンドリアDNAには大きな利点があった。進化速度が核DNAよりもずっと速いのである。このため、同じ長さの核DNAの塩基配列よりも、ミトコンドリアDNAのほうが遺伝的多様性は高い。人間のDNAを調べる研究が始まった1980年代には、まだ長いDNAの塩基配列を実験的に決めることが簡単ではなかったので、同じ長さならば、ミトコンドリアDNAのほうが効率的だった。さらに、タンパク質のアミノ酸配列やRNA分子の塩基配列情報を持たない部分は、特に進化速度が速いので、その部分が集中的に調べられた。

ミトコンドリアDNAのもうひとつの特徴は、母系遺伝である。核DNA内の染色体が、23本ずつ母親と父親から伝わるのと異なり、男女ともそのミトコンドリアDNAは母親のものだけが伝わる。これは、精子が卵細胞にはいりこんで受精がおこったあとに、精子内の、すなわち父親のミトコンドリアDNAが、なぜか卵細胞のシステムによって破壊されてしまうからである。

母系遺伝とは、どういうことだろうか?　ある女性には、母親のミトコンドリアDNAが伝わっており、さらにその母親から、というように、母系をたどって、同一のミトコンドリアDNAが伝えられる。このため、ミトコンドリアDNAをいろいろな人間で調べると、母系の系譜だけがわかることになる。これと対照的なのが、Y染色体である。Y染色体はX染色体とともに、性染色体であり、男性しか持たない。このため、Y染色体の伝わり方は、父から息子へであり、父系をたどることになる。したがって、6世代さかのぼると、64名存在する先祖のなかの、ひとりの男性のY染色体だけがわかるにすぎない。

情報量が圧倒的な常染色体

10年ぐらい前までは、現代人の進化をさぐる場合には、ミトコンドリアDNAとY染色体を調べる研究が一般的だったが、現在では、本書の「はじめに」でも触れた「革命」がおこったあとなので、両親から伝えられる常染色体《じょうせんしょくたい》のDNAを全部調べる研究が一般的になっている。

ヒトゲノムは、全体としては塩基数にして32億個あるが、両親から伝わる常染色体上で、遺伝的個体差がある部分に限れば、その塩基数は400万個ぐらいになる。最近の技術では、これらのうちの100万か所ぐらいを一気に調べている。一方、ミトコンドリアDNAは1万6500塩基程度しかないが、多様性が高いので、全体として100か所ぐらいが個人間で異なっている。したがって、DNAの情報量だけでいえば、常染色体はミトコンドリアDNAの数万倍の情報量を持つことになる。

また、ミトコンドリアDNAは母系遺伝をするので、ひとりの人間からはひとつの系統しか得ることができないが、細胞核内にある常染色体のDNAは、膨大な数の祖先の情報を持っている。

あなたは両親からうまれたが、両親それぞれにも、両親（あなたの祖父母）がおり、彼らにも両親（あなたの曽祖父母）がいた。このため、1世代さかのぼるごとに、祖先の数は倍増する（図4）。6世代前の祖先は64名だが、10世代前には、ひとりの祖先の総数は1024名に達する。

図4：ひとりの人間を生みだすのに必要な祖先

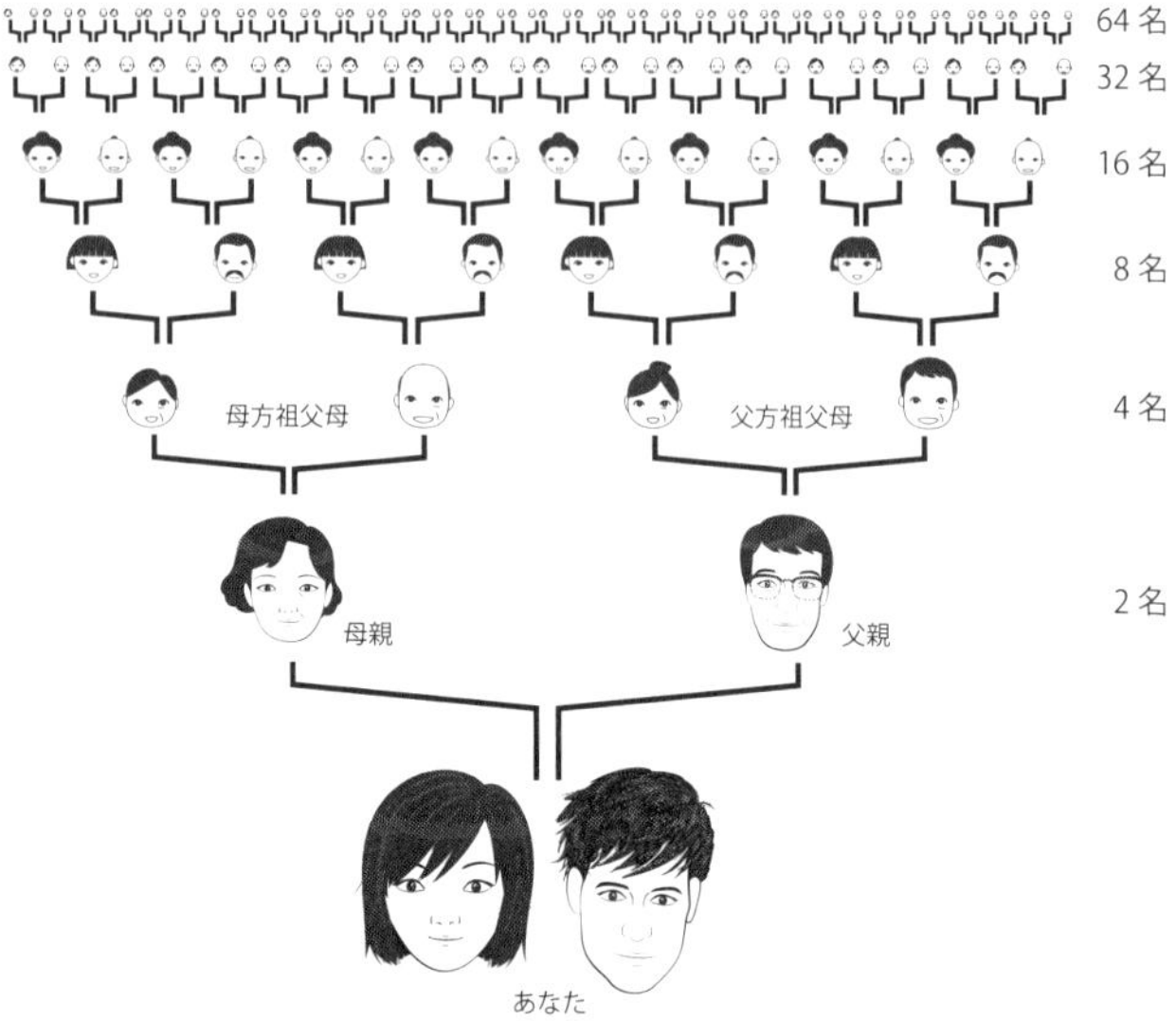

あなたのミトコンドリアDNAはこのなかのただひとりのある女性のものを受け継いでいるだけだが、あなたの常染色体のDNAは、1024名の祖先全員から、すこしずつだがそのDNAを受け継いでいるのだ。

Y染色体の場合も、父系をたどるという違いこそあれ、ミトコンドリアDNAと同じような問題がある。

このように、DNAそのものの多様性をとっても、系統数をとっても、常染色体は圧倒的な情報量を持っているのである。したがって、本書の2～5章では、もっぱらこれら常染色体のデータをもとに、日本人の源流を考えてゆくことになる。なお巻末解説に、「ヒトのゲノム進化の基礎」を設けたので、興味のある読者はこちらもご覧いただきたい。

2章 出アフリカ

日本人の祖先は、アフリカ大陸からどう移動していったのか

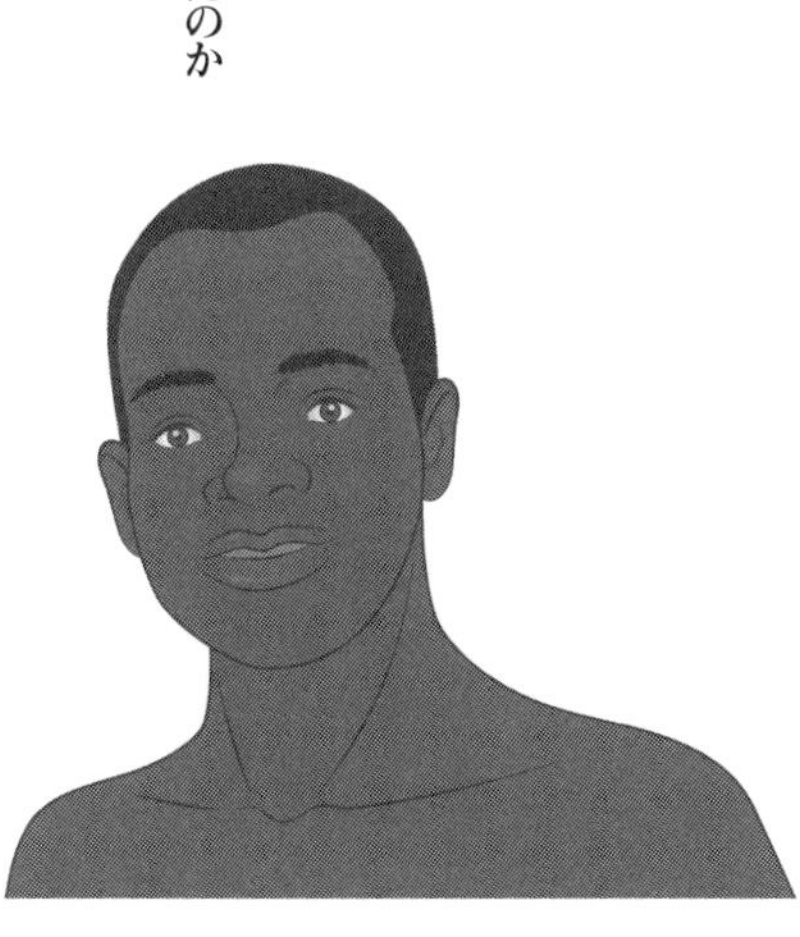

アフリカ内の多様性

本章では、新人がアフリカを出ていった、いわゆる「出アフリカ」以降の人間の進化を、東ユーラシアでの拡散を中心に議論する。なお「出アフリカ」とは、もともとは旧約聖書第2巻で、モーゼがエジプトにいたユダヤ人を率いてイスラエルの地に移った物語のことである。われわれ日本人の祖先も、出アフリカをした新人のなかにいたはずだ。

現在では、世界中の人間のDNAが調べられている。図5は、アフリカとアフリカ以外の集団の系統樹である。2009年に米国の研究者が発表した図にもとづいている。DNAのなかでも特に個人ごとの遺伝的多様性が高いマイクロサテライトDNAなど、核ゲノム1327か所の多様性データを調べた結果である。もとの論文では、アフリカの121集団とアフリカ以外の60集団を比較しているが、図5ではそれを簡略化してしめしている。彼らがしめした系統樹は、わたしたちが1987年に提唱した近隣結合法を用いて作成されている。図5のような人類集団の系統樹を作成する方法についての基礎的な説明を、巻末解説にしめした。

さて、最初に他の集団とわかれているのは、サンである。ブッシュマンという名前で知られている、アフリカ南部のカラハリ砂漠に暮らす人々だ。その次に、中央アフリカのピグミーがわかれている。これらのパターンから、現在でも採集狩猟の生活をしている彼らが、農耕や牧畜を始めた他

図5：現代人集団の系統樹

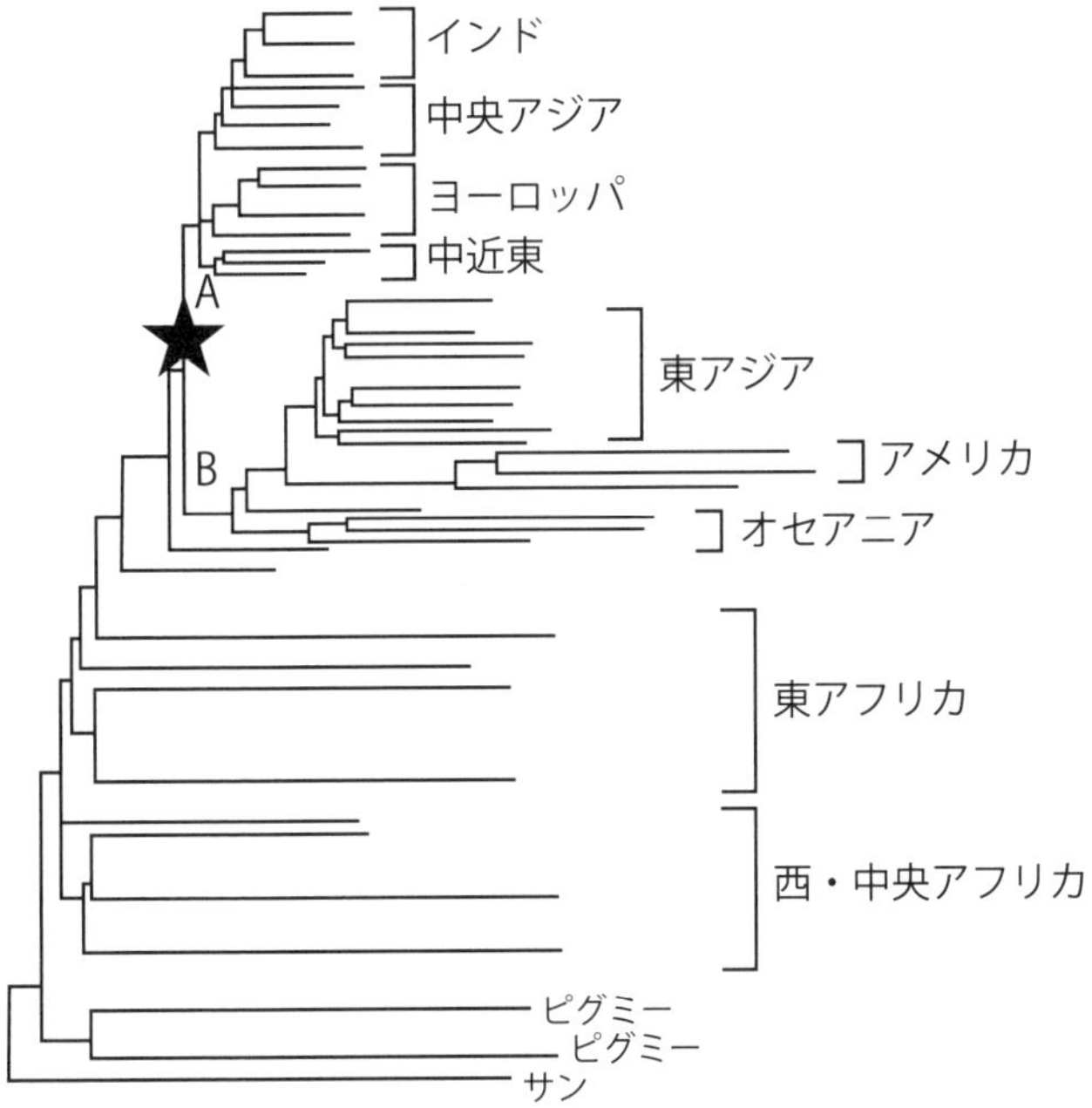

の人間集団とは、遺伝的に大きく異なっていることがわかる。また、この分岐パターンからすると、新人の起源地は南アフリカから中央アフリカのあたりのどこかだったのかもしれない。

広大なアフリカ大陸だが、サハラ砂漠によって南北に分断されている。アフリカといっても、地中海に面した北アフリカ一帯に居住する人々は、ヨーロッパや中近東に近いため、これら周辺地域との人間の移動があり、かなり混血している。このため人類進化の研究では、「アフリカ人」というと、サハラ砂漠以南に住む人々を指すことが多い。この意味でのアフリカ人は、前述したように、採集狩猟の生活を最近までしていた人々（おもにサンとピグミー）と、農耕牧畜をいとなんできたその他の人々に大きくわかれる。

後者はさらに西・中央アフリカの集団と東アフリカの集団にわかれる。西アフリカの集団には、ナイジェリアのヨルバ族・フラニ族・ハウサ族、マリのマンディンカ族などが含まれる。米国のアフリカ系集団もこれらの集団に系統的に近くなっている。これは、かつて奴隷として米国に強制的に連れてこられた彼らの祖先が、おもに西アフリカから由来していることを反映したものだ。

東アフリカの集団には、広い地域に分布するバンツー族、タンザニアのマサイ族・ツルカナ族・ダトーガ族、ケニアのキクユ族・レンディーレ族、南スーダンのヌアー族などが含まれる。言語的にはサンと同じコイサン語族に属するタンザニアのハズダ族とサンダウェ族も、彼らが居住する東アフリカの他の集団と遺伝的に近くなっている。このように、人類集団の遺伝的近縁関係と言語の近縁関係は、一致しないことがある。

出アフリカをした人々の子孫であるアフリカ以外の集団は、系統的には東アフリカの集団と近くなっている。特に、アフロアジアティック言語族の人々が、出アフリカ集団ともっとも近くなっている。この言語族に含まれる言語は北アフリカでも話されているので、最近の混血の影響だと考えられる。ここで議論している狭義のアフリカ人と、アフリカ以外に出ていった人々のあいだには、サハラ沙漠以北に居住する人々が位置しているが、地中海沿岸での最近の混血の影響だと考えられるので、これらの集団は図5では除いてある。

出アフリカは、海からか陸からか

次に、図5の★でしめした出アフリカをはたした人々の子孫であるアフリカ以外の集団について、この系統樹上の位置をみてみよう。

AとBのふたつの流れがあり、Aにはインド、中央アジア、ヨーロッパ、中近東の集団が、Bには東アジア、東南アジア、南北アメリカ、オーストラリア、パプアニューギニア、メラネシアの集団が含まれる。日本人はBの流れに属する。

世界地図を想い描いてみると、Aの流れは大陸内の陸地にひろがったものであり、Bの流れは大陸の海岸に沿ってひろがったものが中心であるようにも感じられる。ただし、Bの流れにも、海岸沿いに移動した可能性のあるオセアニアのグループと、大陸内を移動した可能性のある東アジアその他のグループというふたつの系統がありえる。

海岸線沿いに人類が移動していったのではないかという考え方は、人類進化学においてこの十数年のあいだに賛成する研究者が増えつつある考え方である。もちろん、大地を歩いて移動する流れはむかしからある。おそらく旧人まではそれだけだっただろう。

しかし新人は、あきらかに海を渡る技術を発見した。オーストラリア北部に現代人の遺跡があることから、6万年ほど前には、海をかなり長いあいだ渡らないとたどりつけないオーストラリア（当時はパプアニューギニアおよびタスマニアとくっついたサフール大陸の主要部分）に、東南アジア方面から渡ったことが知られているからだ。それは船というよりも、いかだのようなものだったのかもしれない。

陸にはライオンやトラなどいろいろな捕食者がいるが、大きないかだを海に浮かべておき、そこに避難すれば、彼らからのがれることができるだろう。海水は飲むことができないが、海岸にはあちこちに河が流れこんでおり、河口をみつければ淡水を確保できる。

これらの状況を考えると、海岸線に沿って移動することは、新人にとって論理的に妥当な行動だったのではなかろうか。

出アフリカの影響による人口の変動

ヒトゲノムの膨大な情報量によって、人類進化に関してまったく新しい結果がつぎつぎと出てきているが、そのひとつが過去の人口変動の推定である。人口算出の方法についてはかなり理論の理解が必要なので、はぶかせていただくことにして、結果を紹介しよう。テキサス大学ヒューストン校のグループが開発した方法を、世界のいろいろなヒト集団についてゲノム配列を決定した千人ゲ

図6：人口変動の推定図

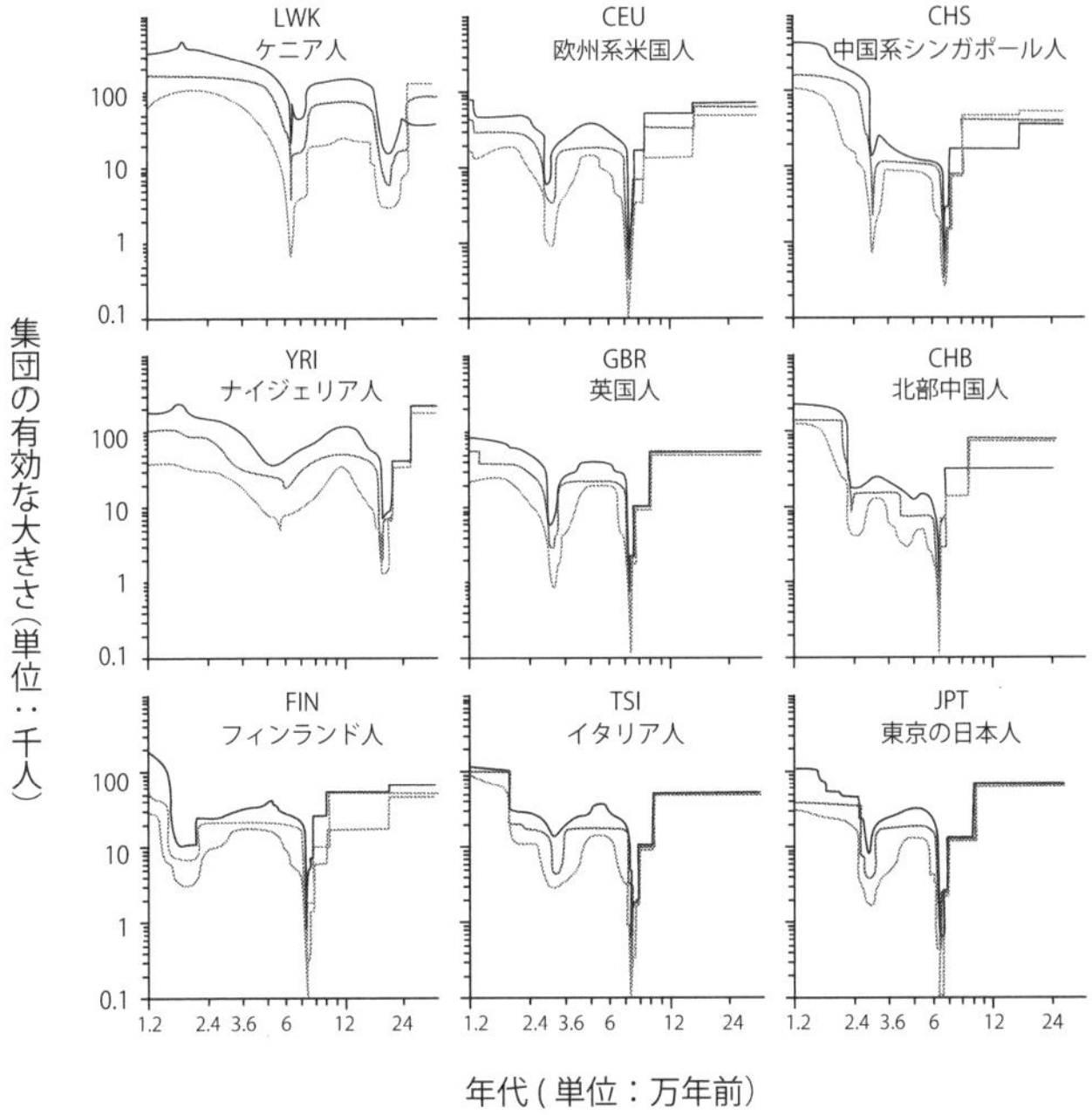

各図の3本の曲線は、中央値の上下に推定の誤差範囲をしめしている

ノムプロジェクトのデータに用いた興味深い結果があるので、それを図6にしめした。もとの論文では、1世代を24年として横軸の年代をしめしているが、最近の研究では1世代はずっと前から30年程度だったと推定されているので、この図では1世代30年にもとづく年代をしめした。縦軸は、実際には「集団の有効な大きさ」（次世代に子孫を残す人間の数）であり、実際の人口とはすこし異なっていると考えられる。しかし、ここでは人口の相対的な増減をおもに考察するので、ほぼ当時の実際の

人口を推定したと考えることにする。また、横軸も縦軸も対数めもりであることに注意されたい。欧州の4集団（フィンランド人、欧州系米国人、英国人、イタリア人）に共通な特徴として、7万～8万年前に人口の急激な減少がみられている。これはそのころにアフリカの母集団から小集団がわかれ、彼らがアフリカからヨーロッパに移動した出アフリカを、まさに反映していると考えられる。一方東アジアでは、中国系シンガポール人、北部中国人、日本人とも、6万～7万年まえにやはり人口の急激な減少があったと推定されている。ヨーロッパ集団の人口減少よりも1万年ほどあとになっているが、この違いに意味があるとすれば、アフリカから東ユーラシア北部への出アフリカは、ヨーロッパへの出アフリカよりも、1万年ほど遅れたことになる。

これらユーラシアの集団に対して、アフリカの2集団は、6万～7万年ほど前にケニア人の祖先で人口減少がおこったと推定されているが、ナイジェリア人では、同時期にほんのわずかの人口減少がみられるだけである。出アフリカのすこしあとに、アフリカのなかでもなんらかの集団の分岐が生じた可能性がある。

アフリカの2集団においては、どちらも20万年ほど前に、特にナイジェリア人の祖先集団で大きな人口減少があったと推定されている。これは新人が誕生した時期をしめしている可能性がある。出アフリカを経た他の7集団でこの時期の人口減少がみられないのは、出アフリカのときに過去の遺伝的多様性が著しく減少したので、ゲノム全体のデータを用いても、当時人口減少が生じたとは推定できなかったと考えられる。

出アフリカを経た7集団においては、その後東西ユーラシアでともに人口は急激に増加している。この人口増加は、新天地である無人の土地に人々がひろがっていったからだと考えられる。最近発表されたオーストラリア原住民のゲノムデータでは、別の方法を用いて、30万年前から徐々に人口が減少し、4万年前からようやく人口増加に転じたと推定されている。精度としては、より多くの人々のゲノムデータをもとにした図6のほうが高いので、両者の結果は矛盾しないといっていいだろう。

図6では、2万~3万年前ごろに、欧州系米国人、英国人、イタリア人、中国系シンガポール人、東京の日本人で、明瞭な人口減少がみられる。この減少は、アフリカの2集団、フィンランド人、北部中国人ではみられない。この人口変動パターンが事実だとすれば、この時代にユーラシアの東西でなんらかの大規模な変化がおこり、それが人口を一時的に大きく減少させたことになる。

地理的にはなれた集団間で同じような人口減少がおこっているので、可能性としては、特に温帯地域が強い変化をこうむった地球規模の気候変動が考えられる。実際に、最終氷期においてもっとも気温が低くなった最終氷期極大期にあたるので、そのときに世界のあちこちで人口減少が生じたのかもしれない。ただ、これらの人口変動の推定がどれだけ正確なのかは、いろいろな要素が関係するので、あまり詳細な議論はできない。今後さらにヒトゲノムのデータがどんどん決定されれば、もっと正確な推定がされるだろう。

出アフリカは1回だけか複数回か

新人の出アフリカについて、以前からある論争のひとつに、出ていった回数が1度だけだったのか、複数回(少なくとも2回)だったのかという点がある。図5のような集団の系統樹で新人の拡散をあらわすと、出アフリカはほぼ自動的に1度だけのイベント(図5の★印)になってしまう。これは集団の系統樹という表現法の限界である。一方で、図6のような人口の増減を各集団で推定すると、人口が大きく減少した時代の東西差から、西ユーラシアへの出アフリカと東ユーラシアへの出アフリカのイベントが1万年ほどずれている可能性が出てくるので、複数回の出アフリカがあったかもしれない。

新人の出アフリカが1回だけだったのか、複数回あったのかについては、人類進化の研究分野でその経路を含めた論争がくりひろげられている。アフリカからユーラシアに出てゆくおもなルートとしては、スエズ地峡(現在はスエズ運河が通っている)を通ってレバント地方(現在のシリア、レバノン、イスラエル、ヨルダンのあたり)に移動し、そこから東西にわかれてゆくというものだ。これにくわえて、「アフリカの角」(ソマリア半島)とアラビア半島の西南端をむすぶ紅海の南口がせまいので、ここをなんらかの方法で渡ったのではないかという仮説がある。

この場合、アラビア半島沿岸、ペルシャ湾、デカン半島沿岸、ベンガル湾と、海岸線を移動し、スンダランド（氷河期には海水面が低くなったので、現在の東南アジア島嶼《とうしょ》部のうち、スマトラ島、ジャワ島、ボルネオ島などがユーラシア大陸とくっついて巨大な半島となっていたもの）から、最終的にサフール大陸（パプアニューギニア、オーストラリア、タスマニアがひとつになった大陸）に到達したことが想定されている。

出アフリカの年代も重要である。前節で7万〜8万年前と6万〜7万年前に出アフリカが2回おこった可能性があると論じたが、別の方法を用いた論文では、出アフリカは7万2000年前に1度だけ生じたと推定されている。ただし、実際にはいろいろな新人の小集団がほぼ同じ時期にアフリカからユーラシアに移動していった可能性がある。この場合、ゲノム全体のデータがあっても、出アフリカが1回だけだったのか複数回あったのかを判別するのは困難になる。

図7に、過去20万年における新人の地球上における拡散経路をしめした。これは、2005年に刊行した『DNAからみた日本人』にかかげた図、図5の系統樹、および他の論文に、わたしの研究グループの最近の成果もくわえて作成したものである。20万年ほど前にヒトがアフリカに誕生したあと、アフリカのなかでいろいろな集団にわかれていったが、10万年前には、西アフリカ集団と東アフリカ集団にわかれていった。さらに、6万〜8万年ほど前、東アフリカの集団の一部が出アフリカをはたし、現在の西アジアに進出した。このころに、ネアンデルタール人の生き残りと混血

したらしい。それから1万年ほどあとの、今から5万~7万年前には、ユーラシアの西へ、北東へ、そして南東の海岸線沿いへと、人々はわかれていった。

海岸線沿いに移動した人々は、スンダランドにたどり着いた。3万~4万年前には、そこからさらに南下してサフールランドにいった集団と、スンダランドに残った集団にわかれた。後者は、あ

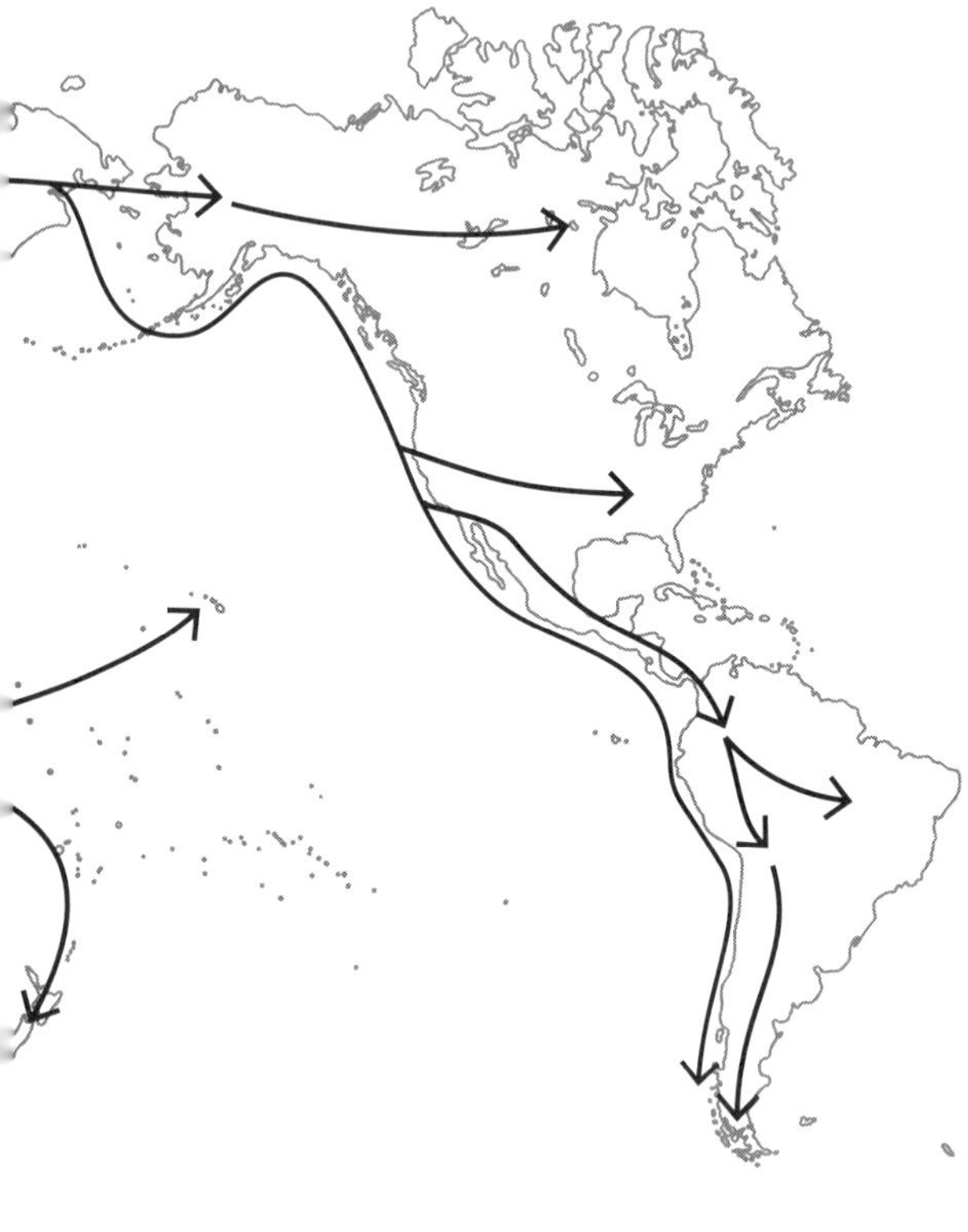

図7：新人が地理的に拡散していった想定経路

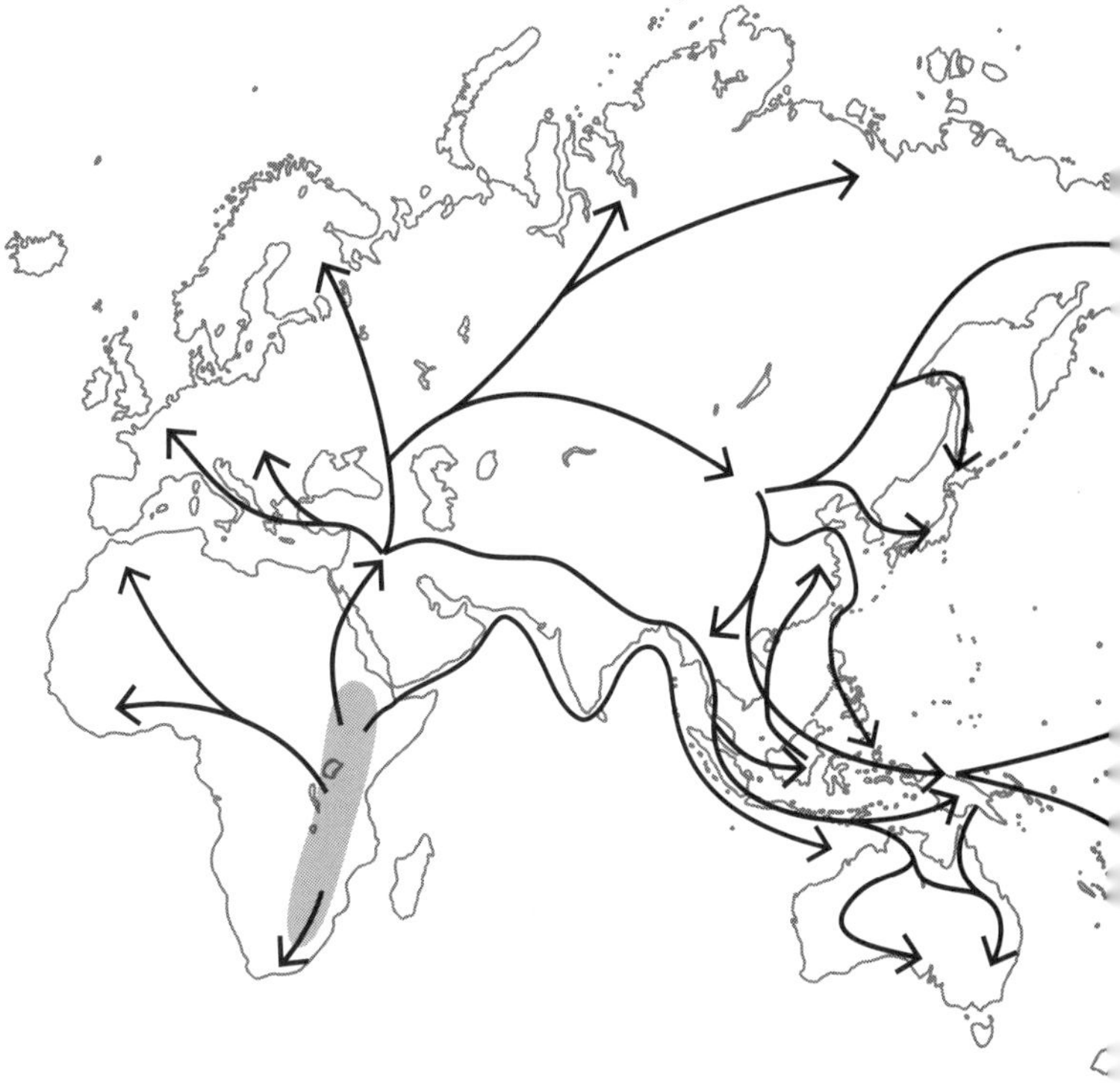

とでくわしくのべるが、現在はインド洋のアンダマン諸島、マレー半島、フィリピン諸島に少人数だけ分布しているネグリトとよばれる人々にわかれていった。

一方、ユーラシア大陸の東に移動していった人々の一部は、東アジアに移った後、揚子江《ようすこう》流域で９０００年ほど前に稲作を始めた。これによって食糧が安定して供給されるようになると、人口が爆発的に増加した。稲作をおこなった人々は東南アジアに南下したり、台湾島に移ってさらに南下したり、あるいは北上したりしていった。日本列島に、弥生時代以降に移ってきた人々の大部分は、これらの系統だと考えられる。

シベリアをさらに東にいった人々は、西ユーラシアに移動した人々との混血を経て、当時陸となってつながっていたベーリング海峡（ベーリンジアとよぶ）の南岸に沿って移動し、その後北アメリカと南アメリカの太平洋岸を一気に南下した。最終的には南米の先端までたどりついている。

出アフリカでおきた「遺伝子の波乗り」

耳垢型《みみあかがた》という形質をご存じだろうか。湿型と乾型があり、前者はネコミミ、後者はコナミミともよぶ。英語ではウェットとドライだ。耳垢型は、16番染色体上にあるＡＢＣＣ11遺伝子の生じる２種類のタンパク質によって湿型と乾型が決まる。アミノ酸配列はほとんど同じなのだが、１か所だけ、グリシンかアルギニンかの違いがあり、これによってグリシンタイプのタンパク質は機能を持ち、アルギニンタイプは機能をうしなっている。

いろいろな人間やヒトに近縁なチンパンジーなどのゲノムを調べた結果、吉浦孝一郎を中心とした日本人研究者グループが、機能を持つグリシンタイプ（湿型）のタンパク質を生じる遺伝子が祖先型であることをつきとめた。ここでいう耳垢型遺伝子の「機能」とは、細胞内の老廃物を細胞外にくみ出すポンプ機能である。このタンパク質は細胞膜のなかに埋まっている膜タンパク質である、トランスポーター（物質の輸送を担当する）の一種なのである。

図8で、耳垢型遺伝子のゲノム中の位置を4段階でしめした。最後の(D)にしめしたように、あるとき、この遺伝子の特定のDNA塩基にGからAへの突然変異が生じて、対応するアミノ酸がグリシンからアルギニンに変化し、機能のない乾型のタンパク質をつくりだしてしまったのである。日本人では乾型の人が80％以上なので、これらの人にはショックかもしれない。機能のないタンパク質をつくる遺伝子を両親から伝えられているのだから。しかし東アジアには、この乾型遺伝子ばかりを持っている集団がいることが知られている。ところが、ヨーロッパでは湿型の頻度がずっと高く、アフリカではほぼ１００％が湿型である。東南アジアや南米の先住民でも湿型の頻度はけっこう高い。

こうなると、日本、中国、韓国という東アジア地域において、機能をうしなった乾型タンパク質をつくる突然変異遺伝子の頻度がきわめて高いのは、自然淘汰《しぜんとうた》上有害でも有益でもない、遺伝的浮

図8：耳垢型の遺伝子

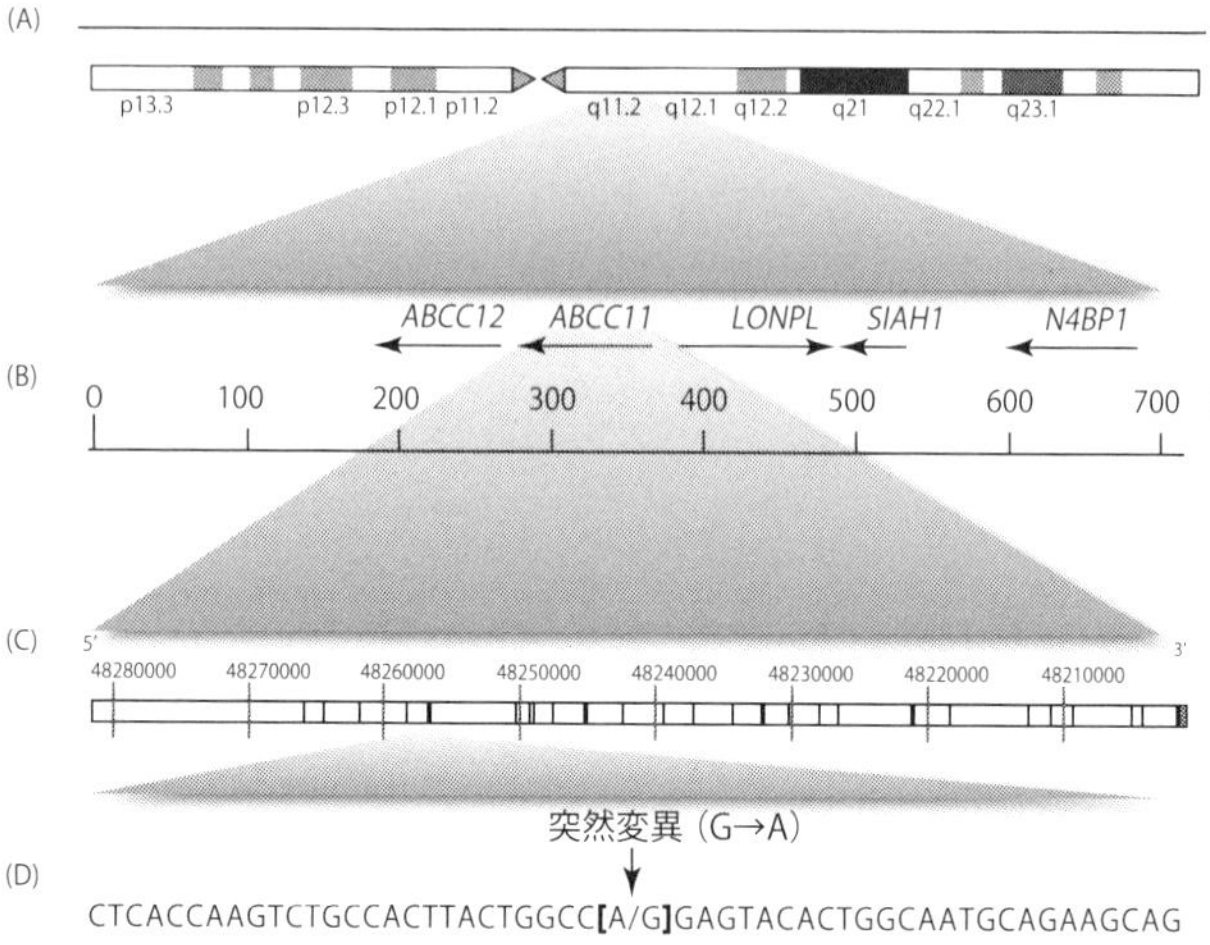

動の結果ではないかという可能性がうかぶ。

一方、大橋順らは、耳垢型の乾型遺伝子に正の自然淘汰《しぜんとうた》が生じている可能性を指摘している。耳垢型遺伝子の近傍《きんぼう》にあるマイクロサテライトDNA多型を調べて計算をした結果、2000世代ほど前（1世代30年としておよそ6万年前）に湿型から乾型への突然変異が出現し、東アジアでは乾型の人間が、湿型の人間よりも子孫を1%多く残す（専門用語でいうと、淘汰係数が1%）淘汰がはたらいたと推定している。また、高緯度地方の集団ほど、乾型の頻度が高い傾向にあるので、乾型は寒い気候への適応だと提唱している。

アフリカを出てユーラシアに拡散していった現代人は、急速に人口を増加させていった。このときにたまたま生じた突然変異は、生き残ればその後どんどん子孫遺伝子を増やしてゆく。このパターンは、あたかも生存に有利なために子孫が増えていったようにみえる。しかし、淘汰上有利でも不利でもない中立な突然変異の場合でも、そのような結果になってしまうのである。これを遺伝子の波乗り効果（サーフィング）とよぶ。波のうねり（急速な人口の増加と移動）に乗って、遺伝子の頻度が増加するさまを表現したものだ。

実際に、耳垢型の湿型から乾型への突然変異が出現した推定時期は、出アフリカの時期に対応している。また、耳垢型遺伝子ABCC11と同じ16番染色体の近傍に位置する、名前も似たABCC12遺伝子がある（図8参照）。アミノ酸配列も似ており、ABCC11のタンパク質と似たようなはたらきをする可能性がある。すると、ABCC11タンパク質の機能がほとんどうしなわれても、その人間にはあまり影響しないと考えられる。この場合には、自然淘汰よりも中立進化を考えたほうが妥当なのかもしれない。これら理論背景については、拙著『ゲノム進化学入門』（共立出版　2007年）を参照されたい。

多地域進化説とアフリカ単一起源説

1章で触れたが、かつて現代人の進化を説明するモデルとしては、アフリカ、ヨーロッパ、アジアの原人がそれぞれ新人に変化していったとする「多地域進化説」があった。

私はこの仮説に若いときから疑問だった。新人が原人からあちこちで独立に生じてくるというのは、考えにくいからだ。一方で、さきに出アフリカを果たしていた原人や旧人の子孫に、出アフリカをなしとげた新人がユーラシアのどこかで出会ったとき、交配がおこってもおかしくはないだろうとも思っていた。

　原人はホモ・エレクトスで旧人はホモ・ネアンデルターレンシス、一方で新人はホモ・サピエンスだから、種が違う。したがって雑種はできないだろうと思われる方がいるかもしれない。しかし種名は、人間の認識にすぎない。異なる種のあいだでも、雑種ができることがある。同じエクウス属だが、ウマとロバの雑種はラバであり、ラクダ属のヒトコブラクダとフタコブラクダも、コブの形が両親とは異なる雑種が生じる。

　ただし、これらは家畜であり、人間が関与している。動物園で異なる種の生物が接近して飼育されていたために、雑種が偶然できることがある。分岐してから数百万年経過しているフクロテナガザルとテナガザルのあいだで雑種ができたり、同属別種であるチンパンジーとボノボで雑種ができたこともある。さらには、人間が介在しない自然状態でも、雑種ができることがある。インドシナ半島には、アカゲザルとカニクイザルが棲《す》んでいるが、両者は２００万年ほど前に分岐した同属別種である。しかし、両者のあいだに雑種が生じることが、ゲノム配列の比較からわかっている。

　以下で紹介するように、最近のゲノム配列の研究成果から、新人と旧人、さらには原人段階のホモ属のゲノム配列が現代に生きるわれわれに少数ながら伝わっている可能性が出てきている。しかしこれはあくまでも少数派であり、現代人のゲノムの大部分がアフリカで20万年ほどまえに出現した新人の祖先から受け継いだものだということは、現時点でゆらいでいない。したがって、多地域進化説はやはりまちがっており、アフリカ単一起源説が、少数の例外をともないながらも正しいといっていいだろう。

先住者との混血

6万〜8万年ほど前にアフリカを出た新人は、しばらくのあいだ現代の中近東地域にとどまっていたようだ。そのあいだに、まだそこに生き残っていた旧人（ネアンデルタール人）と新人が混血した可能性がある。なぜならば、アフリカ人以外の現代人に、1〜3％のネアンデルタール人のゲノムが伝わっているという推定が得られているからだ。

南シベリアのデニソワ洞窟から発見された手指の骨から決定されたゲノム配列は、図9（A）の系統樹（近隣結合法で作成された）でしめしたように、ヨーロッパのネアンデルタール人と近縁であった。また、デニソワ人とネアンデルタール人の遺伝的違いは、現代人におけるアフリカ人とユーラシア人の違い程度である。

また、デニソワ人は、メラネシア人（パプアニューギニアとブーゲンビル島の人々）とオーストラリア人に特に多くの割合（といっても数％だが）のゲノムを伝えたと推定されている。また、われ

(A)核ゲノムの系統樹

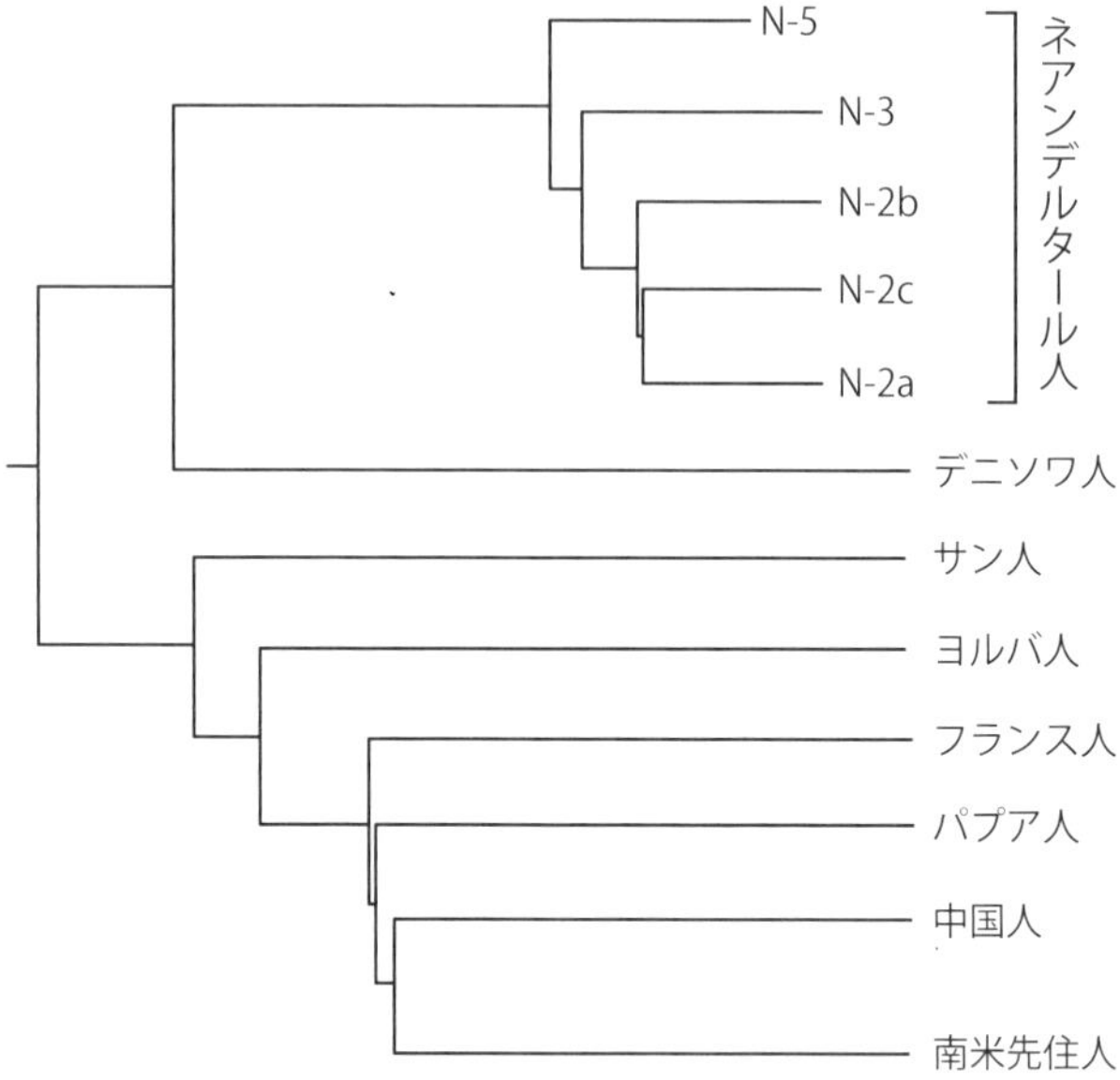

われはフィリピンのルソン島に住むネグリト人にも、デニソワ人のゲノムがある程度伝わったことを最近発見している。

デニソワ人は、その名の由来となった南シベリアのデニソワ洞窟で発見された骨から抽出された微量のDNAからゲノム配列が決定された。このため、なぜ南に位置するパプアニューギニアやオーストラリアの先住民、あるいはフィリピンのネグリト人にデニソワ人のゲノムが伝わったのか、ふしぎである。ひとつの可能性としては、ネアンデルタール人の系統は西ユーラシア中心に分布し、デニソワ

図9：ネアンデルタール人、デニソワ人、ヒトの系統関係

(B)ミトコンドリアDNAの系統樹

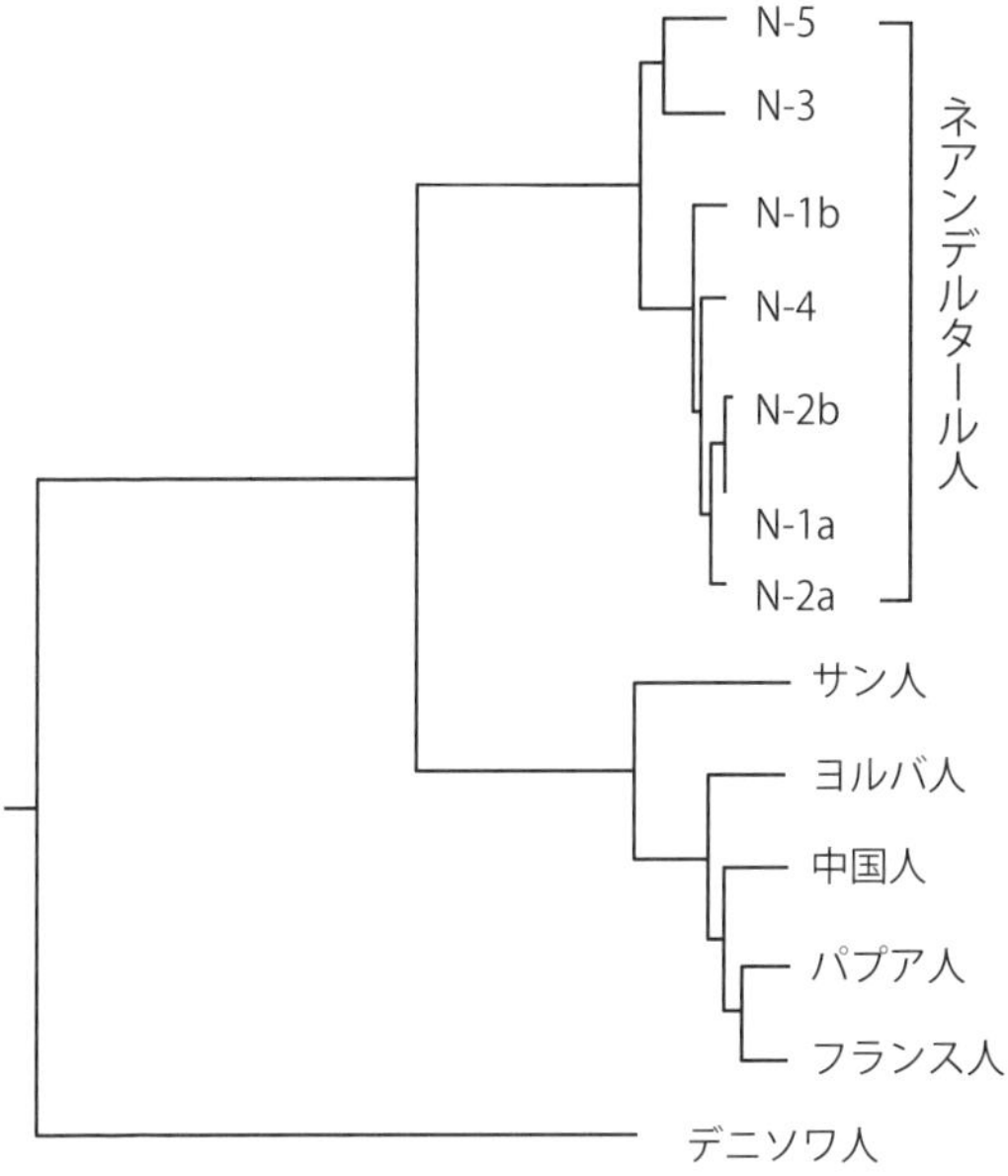

人の系統はスンダランドを含む東ユーラシアにひろく分布していたというものである。

さらには、デニソワ人そのものが、旧人よりも古く分岐した、おそらく原人の一種からゲノムを伝えられている可能性がある。デニソワ人のミトコンドリアＤＮＡは、図９（Ｂ）にしめしたように、ネアンデルタール人とも新人とも異なっており、大きくこれら２系統と離れている。

このパターンは、デニソワ人のゲノムに新人と旧人がわかれる以前の人類がはいりこんでいることを示唆《しさ》している。実際に、論文に

図10：分岐と混血が組み合わされた人類集団の進化系統樹

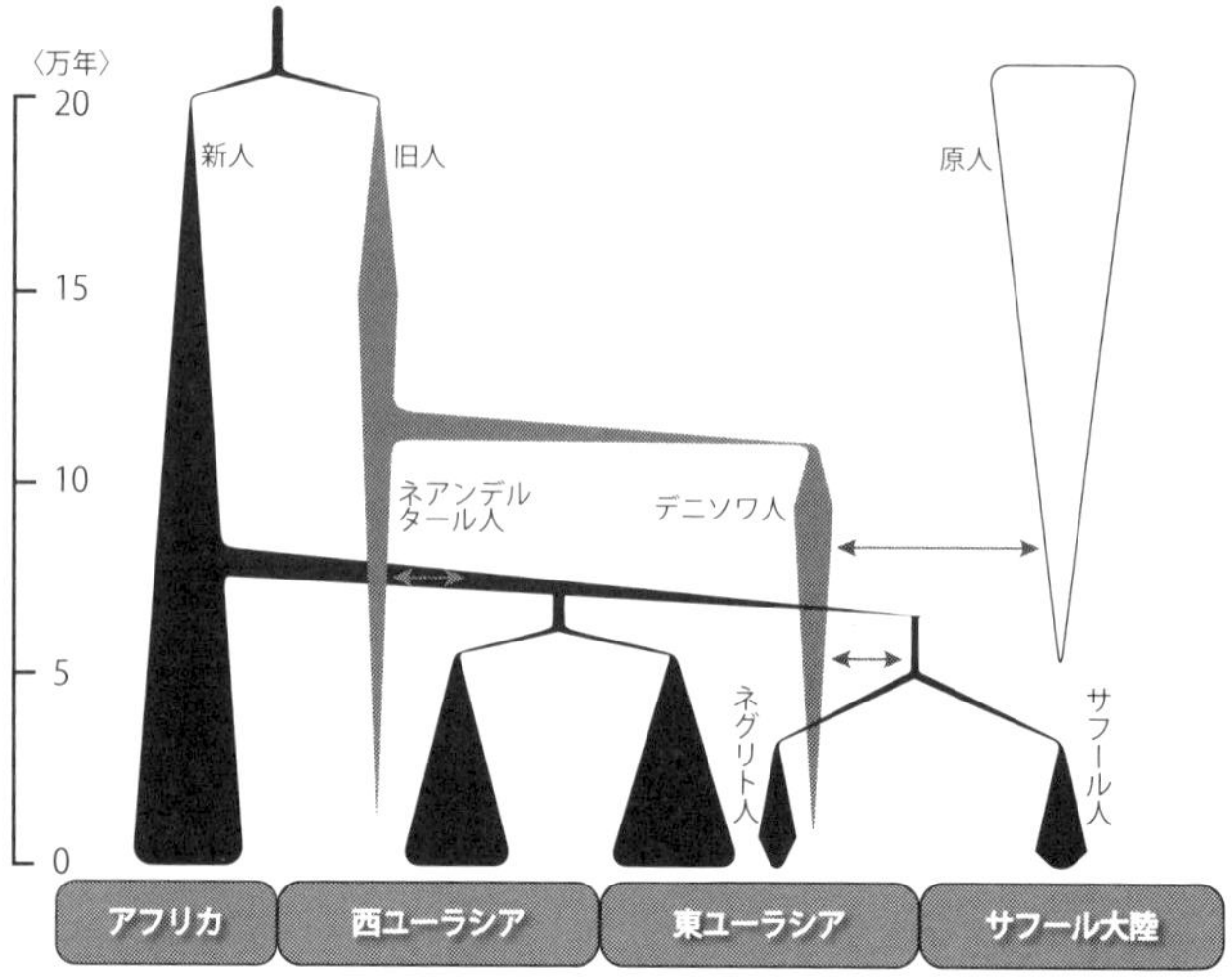

よって混血率が数%から65%と大きな差があるので、まだ確定的なことはいえないが、原人のゲノムの一部が、デニソワ人を経て現代人の一部に伝わっていると推定されている。２０１６年に発表された別の論文では、ネアンデルタール人でもデニソワ人でもない未知の系統の人類のゲノムが、インド人の一部に伝わっているという推定が発表されている。

原人はヒトと同属とされており、アフリカとユーラシアのあちこちで化石が発見されている。スペイン北部にある、およそ30万年前の遺跡から発見された、原人段階のホモ・ハイデルベルゲンシスの骨からミトコンドリアＤＮＡが抽出されたが、その塩基配列は、デニソワ人のミトコンドリアＤＮＡ塩基配列と系統的に近かった。これは、彼らとデニソワ人が祖先を共有するのか、あるいは両者のあいだに、なんらかの遺伝的交流があった可能性をしめしている。

インドネシアのフローレス島で発見されたフローレス原人は、成人の身長が100センチメートル程度ときわめて低く、2万年前以降まで存続していた。また、台湾の海底から発見された顎骨《がっこつ》が、これまで知られていなかったホモ・エレクトスの系統である可能性があることを、海部《かいふ》陽介らが2015年に発表した。これら発掘された骨から古代DNAが抽出できれば、人類進化にあらたな展開を期待することができるだろう。

以上の考察をまとめたものを、図10にしめした。この図からもわかるように、われわれ現代に生きる人間にも、すでにほろびてしまった旧人や原人のゲノムが部分的に伝わっている可能性があるのだ。

人類拡散のかなめとなった東南アジア

日本人の源流を考察するとき、東南アジアはひとつの鍵となる地域である。3章で登場する日本列島人の成立についての「二重構造モデル」では、弥生時代以前に日本列島へ渡来した人々の源郷を、東南アジアだと想定している。そこで、現在の東南アジアに居住する人々のゲノム多様性を考察しよう。

オランダ人のユージン・デュボア（1858-1940）が19世紀末にジャワ島で発見したピテカ

ントロプス・エレクトス、いわゆるジャワ原人は、東南アジアに１００万年ほど前から居住していたらしい。彼らの子孫は、インドネシアのフローレス島のフローレス原人を最後に、１万年前には絶滅したようである。もっとも、前節で論じたように、デニソワ人として知られている南シベリアのデニソワ洞窟で発見された骨から得られたゲノムＤＮＡ配列には、未知の古い人類からのＤＮＡが彼らに伝わった可能性があるので、ひょっとするとジャワ原人の系統が、どこかでデニソワ人と交配したのかもしれない。

アフリカを飛び出た新人のなかで、海岸線に沿って東へ東へとめざしたグループは、南アジアを経て東南アジアにたどりつき、そこから南下してサフール大陸へ、北上して東アジアへ、さらにはベーリンジアからアメリカ大陸へ拡散していった人々もいた。この意味で、東南アジアは東半球における人類拡散の大きななかなめの地域なのである。

１万年ほど前におわった氷河時代には、海水の一部が陸上の氷河に移動していたために、海水面が低下していた。このため当時の東南アジアは、現在のスマトラ島、ジャワ島、ボルネオ島などがインドシナ半島とひとつになり、スンダランドとよばれる巨大な半島を構成していた。このスンダランドに住みついた最初の人々が、現在でも東南アジアに点在している。

フィリピン諸島は最大のルソン島を含めて多数の島々から構成される。それらのいくつかの島には、ネグリトとよばれる人々が住んでいる。ネグリトはもともとスペイン語であり、「黒い小人」

図11：東南アジアにおけるネグリト人の分布図

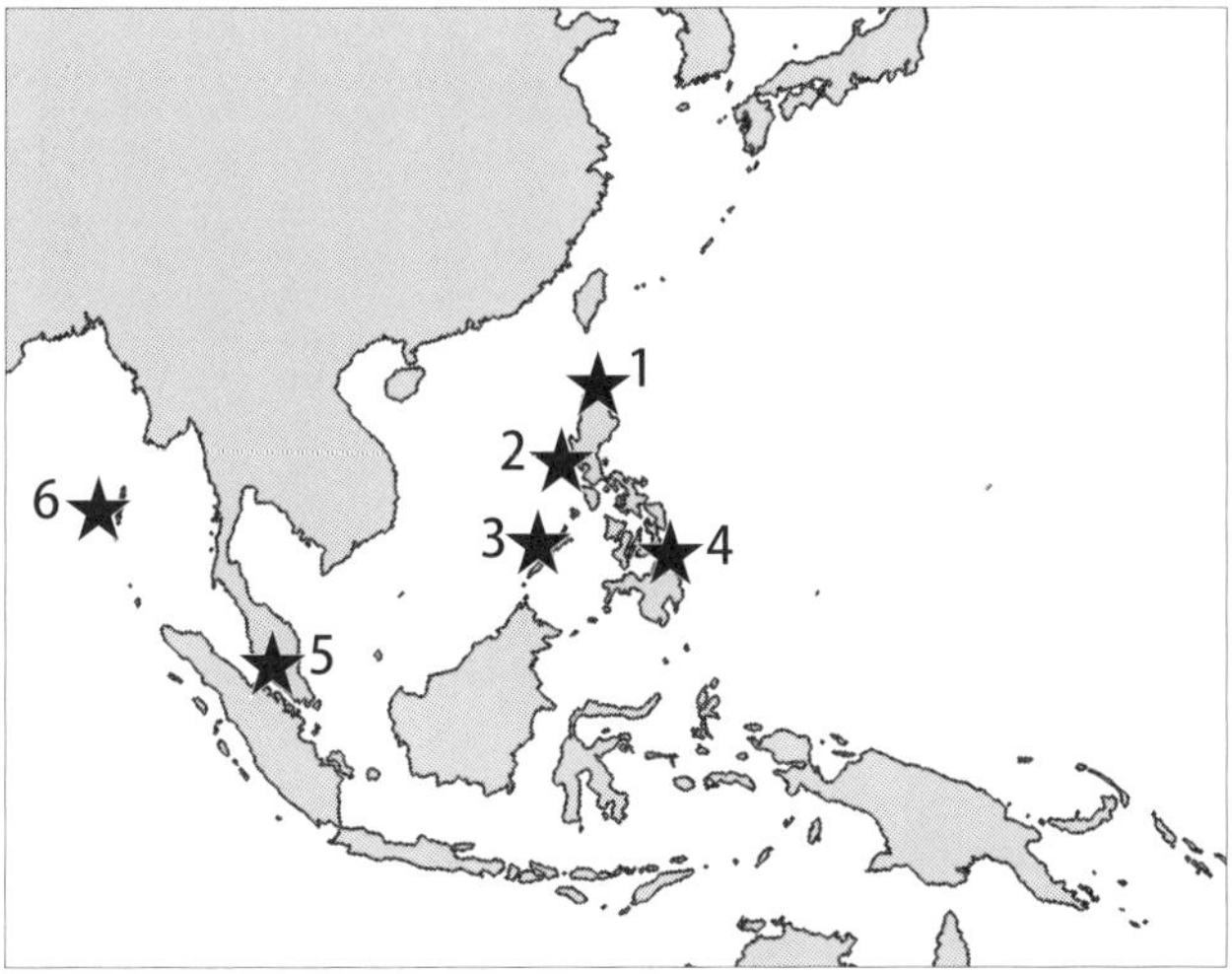

という意味だ。彼らは文字どおり皮膚色が濃く、身長が一般的に低い。髪の毛はちぢれている。

図11の★1はルソン島北部に住むアグタ人、★2はルソン島中央部に住むアエタ人、★3はパラワン島北部に住むバタク人、★4はミンダナオ島北部に住むママヌワ人である。これらネグリト集団は、最近まで採集狩猟の生活をしていた。東南アジアの多数派である農耕民と大きく異なる彼らは、図11にしめしたように、フィリピンだけでなく、マレー半島の中央部（★5）やインド洋のアンダマン諸島（★6）にも存在する。

東南アジアからもっと南に目を向けると、パプアニューギニア、オーストラリア、そしてその周辺のメラネシアとよばれる島々にも、黒い皮膚色を持ち、顔かたちもかなり特有の人々が住んでいる。また、デカン高原を中心とした南アジアにも、

(B) アンダマン諸島人を除いた比較

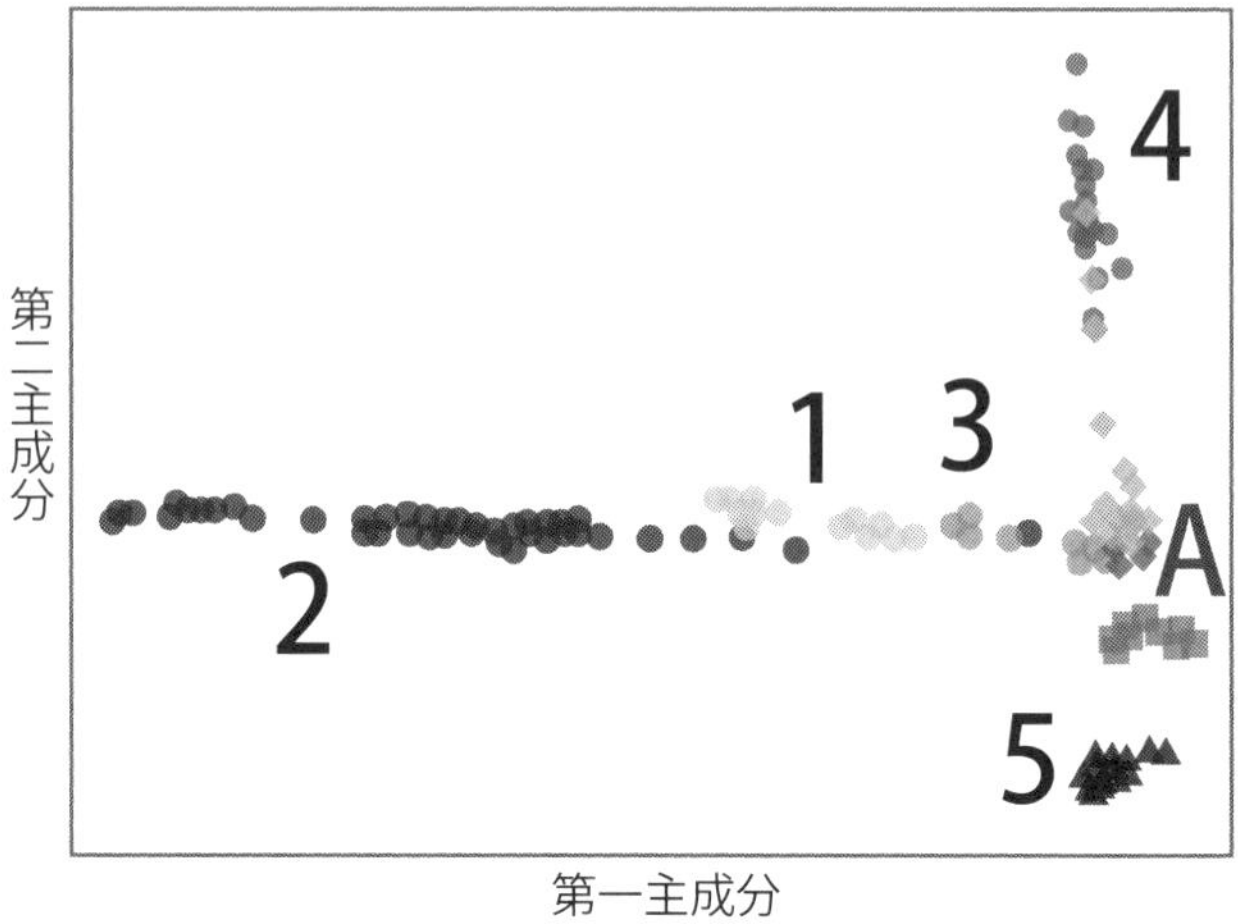

黒い皮膚の人々がひろく分布している。現在のアフリカ人も皮膚色が黒いので、人類進化の研究者は、これら東ユーラシアに点在する皮膚色の黒い人々が、人類の古い系統をしめしているのではないかと、昔からばくぜんと考えてきた。この古い仮説が正しいらしいことが、最近のＤＮＡの研究からわかりつつある。

東南アジア人の多様性

われわれは、最近これらネグリトの６集団について、ヒトゲノムが含まれている細胞核の染色体にちらばっているＳＮＰ（単一塩基多型、くわしくは巻末解説１９３ページを参照）のデータを比較した。図12では、図11にしめしたこれらネグリト人集団（１〜６）と、東

図12：東南アジアのネグリト人のゲノム多様性（Jinamら［2017］より）

(A) ネグリト集団全体の比較

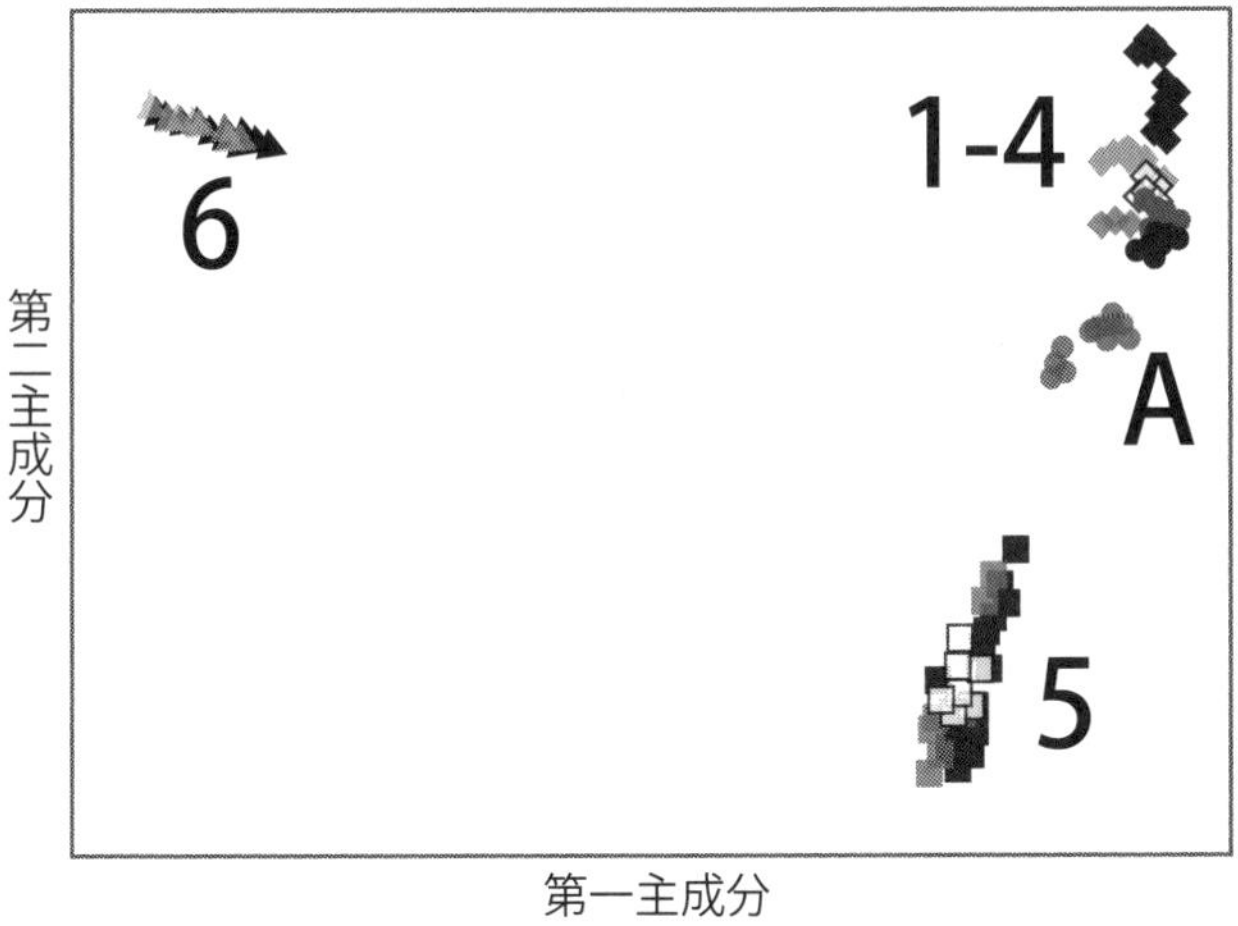

南アジアの他の集団（A）のあいだの遺伝的関係を示している。膨大なDNAデータの多様性を、人間の目にわかるように二次元でしめした「主成分分析」という手法を用いている（主成分分析法の簡単な説明を巻末解説にしめした）。ひとつの点がひとりをあらわすが、同じ集団に属している人間は、ほぼ同じような位置に固まっていることがわかる。

図12（A）では、インド洋に浮かぶアンダマン諸島のネグリト人（6）が他の人々と大きく異なっていることがわかる。そこで、アンダマン諸島のネグリト人を除いて分析した結果が図12（B）である。図12（A）ではフィリピンのネグリト4集団が右上に固まっていたが、今度はルソン島の2集団、特にアエタ人（2）が大きく他の人々と異なっている。

図13：大集団と小集団の混血により、
彗星上パターンが生じる様子

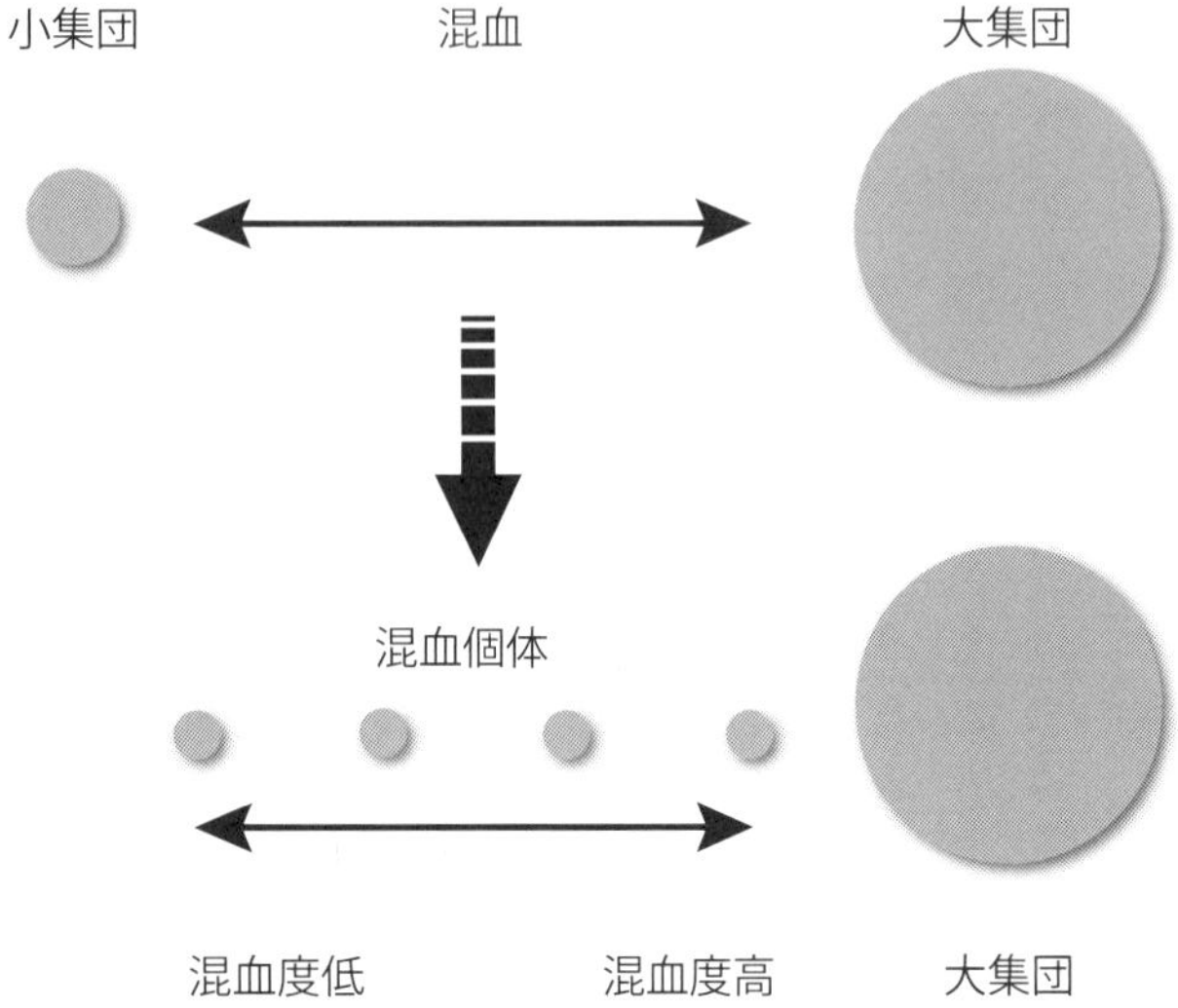

おもしろいことに、アエタ人（2）はほぼ直線上に左右に位置している。ママヌワ人（4）も、上下にやはり線状にならんでいる。わたしたちは、このように個体が線上に分布している様子を、「彗星状パターン」とよんでいる。実際の彗星の尾は、太陽風によってふきとばされて生じるが、DNAの多様性における尾は、遺伝的にすこし異なっている集団間の混血によって引き起こされる。

人口の大きな集団だと混血した人々の割合は小さいが、人口が小さい少数民族の場合、遺伝的に大きく異なっている周辺の大集団との混血個体の割合が大きく、また混血率の度合いがさまざまだからだ。図13に、彗星状パターンの生じる様子をしめした。

このように、混血がいろいろなパターンで生じるので、人類集団のあいだの遺伝的関係を推定するのは、簡単ではない。最近は系統樹の概念を拡大した「系統ネットワーク」も用いられるようになった。ネットワークを描くと、いろいろな混血のパターンをおしはかることができる。そこで、東南アジアを中心とした20の新人集団とデニソワ人（旧人）の系統ネットワークを描いてみたのが、図14である。

系統樹と同じように、線分の長さは集団間の遺伝的違いに比例しており、またそれぞれの線はネットワークをみやすくするために適当な角度でひかれている。まず目につくのが、右のほうにデニソワ人とアフリカの2集団（中央アフリカのビアカピグミー人とナイジェリアのヨルバ人）が位置していることだ。デニソワ人と新人の遺伝的違いが大きいので、これらをつなぐ線は途中でカットして作図されている。次に、デニソワ人、ピグミー人、ヨルバ人、およびその他の新人で構成される平行四辺形がある。短い辺は、デニソワ人とピグミー人の遺伝的共通性をしめしている。一方、平行四辺形の長い辺は、アフリカ2集団の近縁性をしめしている。同じアフリカ大陸に分布しているので、これら2集団は長いあいだには混血があった可能性がある。

このことを考慮すると、デニソワ人とピグミー人の遺伝的近縁性をしめす短い辺の存在は、ピグミー人が新人のなかで最初に分岐した集団である可能性がある。そうすると、新人全体の共通祖先は、デニソワ人にのびる線のどこかになる。

図14：新人20集団とデニソワ人の系統ネットワーク（Jinamら[2017]より）

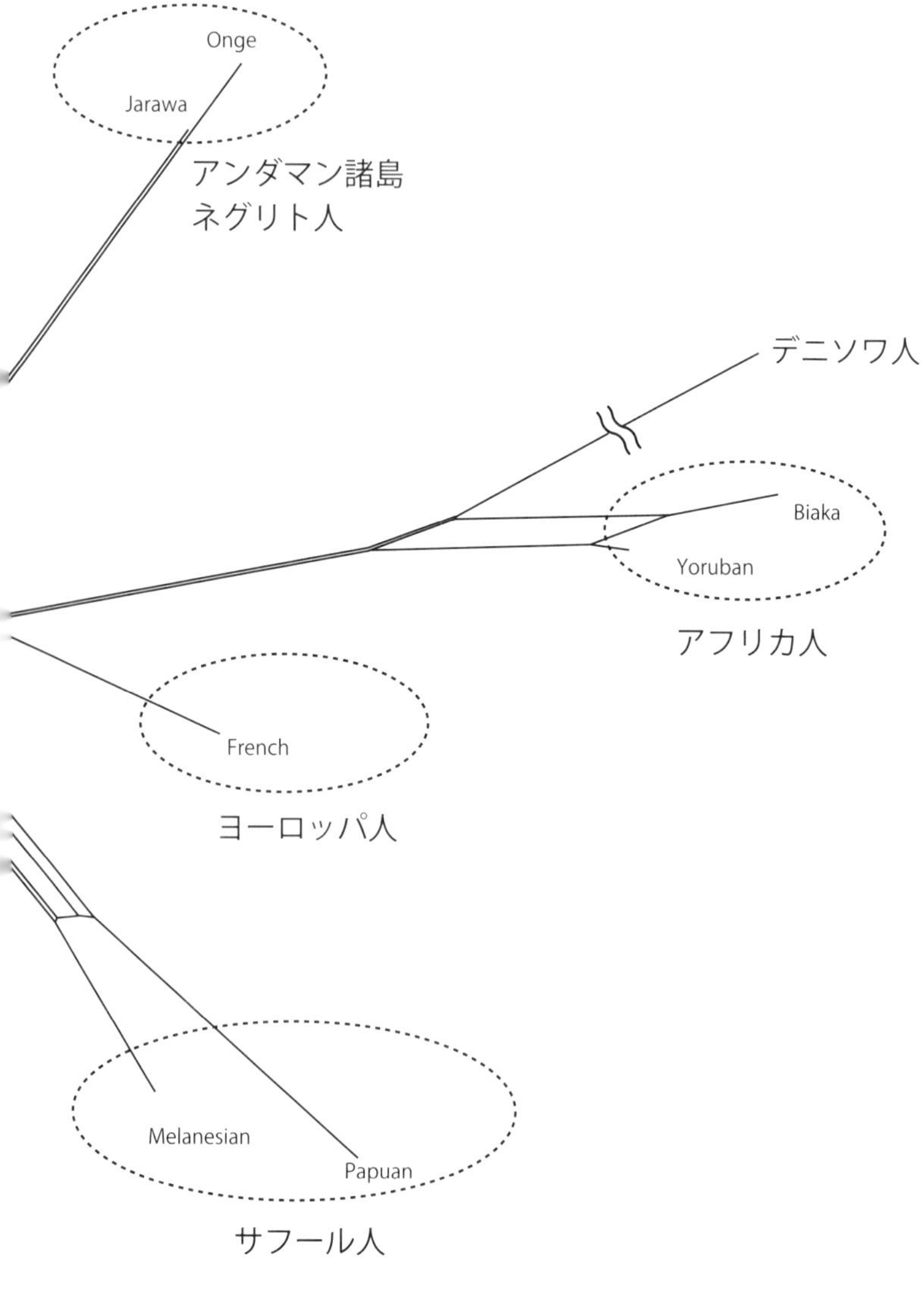

出アフリカをした人々の子孫集団でアフリカ人とクラスターする(同じグループを構成する)のは、ヨーロッパ人(フランス人で代表させている)である。このネットワークの下方にサフール人(パプア人とメラネシア人)、上方にアンダマン諸島のネグリト人(オンゲ人とジャラワ人)が、それぞれ大きく他の集団と異なって位置している。

ちなみに、パプア人はパプアニューギニア島の高地に居住し、メラネシア人はパプアニューギニアの東に点在する島々であり、そこに住んでいる人々の皮膚色が濃いので、「黒い」を意味するメ

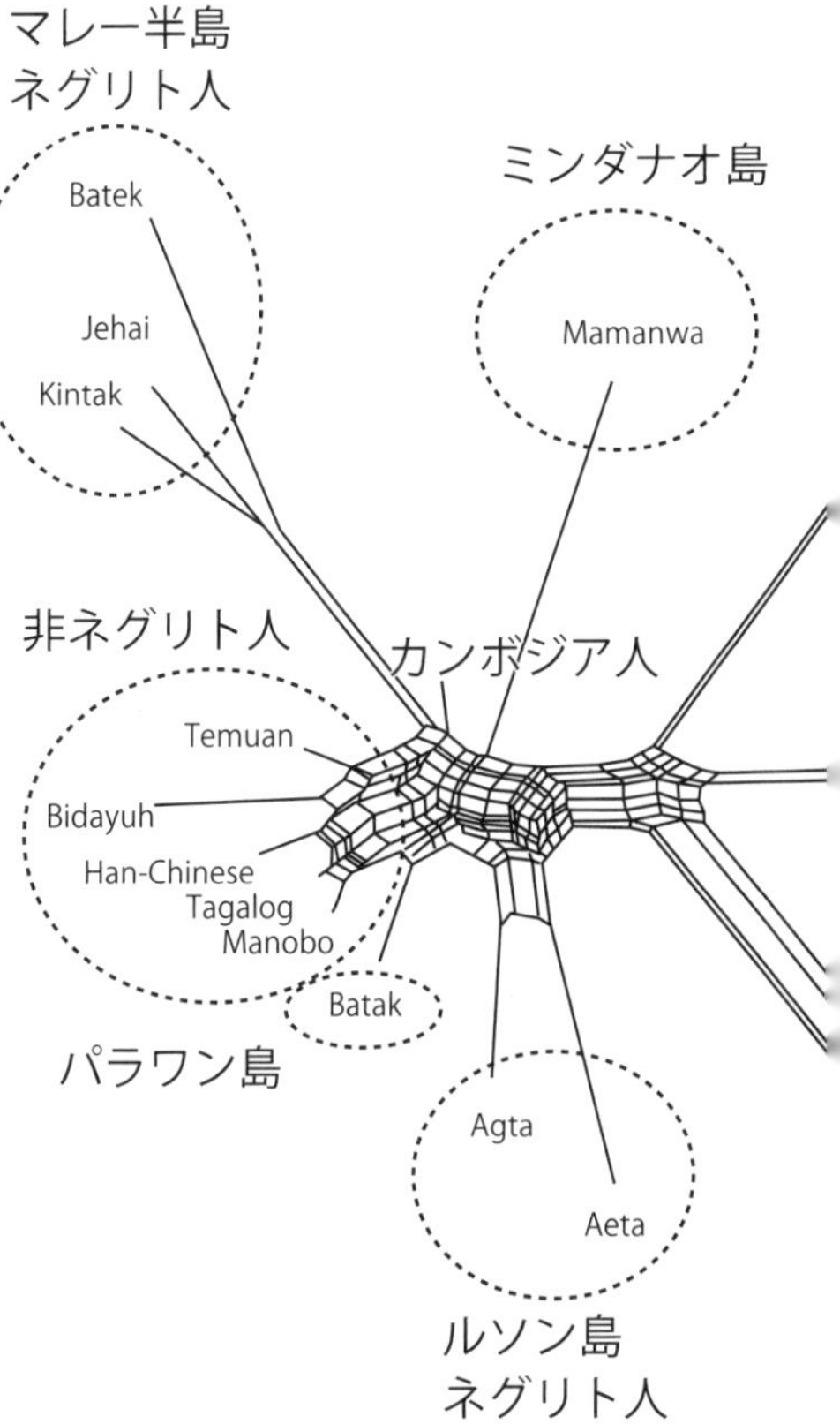

ラスと「島々」を意味するネシアというふたつのギリシャ語の単語を合成して、伝統的にこうよばれている。

　サフール人2集団と他の集団から平行四辺形が2個生じているが、これはおそらくメラネシア人が東南アジアからあとで移住してきた人々と混血したためだと思われる。これらサフール人とアンダマン諸島ネグリト人を除く東南アジアの集団が図の左に位置している。これらの人類集団を5個のグループ（点線で囲まれている）にわけてみたが、そのうち4個はネグリト系である。いかに彼らが遺伝的に多様なのかがわかる。

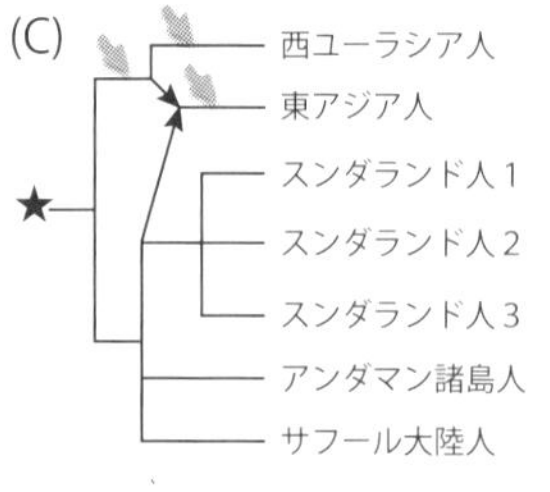

スンダランド人

サフール大陸人

　非ネグリト人のグループは、中国、マレー半島、ボルネオ島、ルソン島、ミンダナオ島を含む広大な地理的分布を持つが、これは稲作を中心とした農耕の発展によって人口増加がおこり、ひろい地域に人々がひろがった結果である。日本列島のヤマト人

図15：東ユーラシア人形成の3モデル

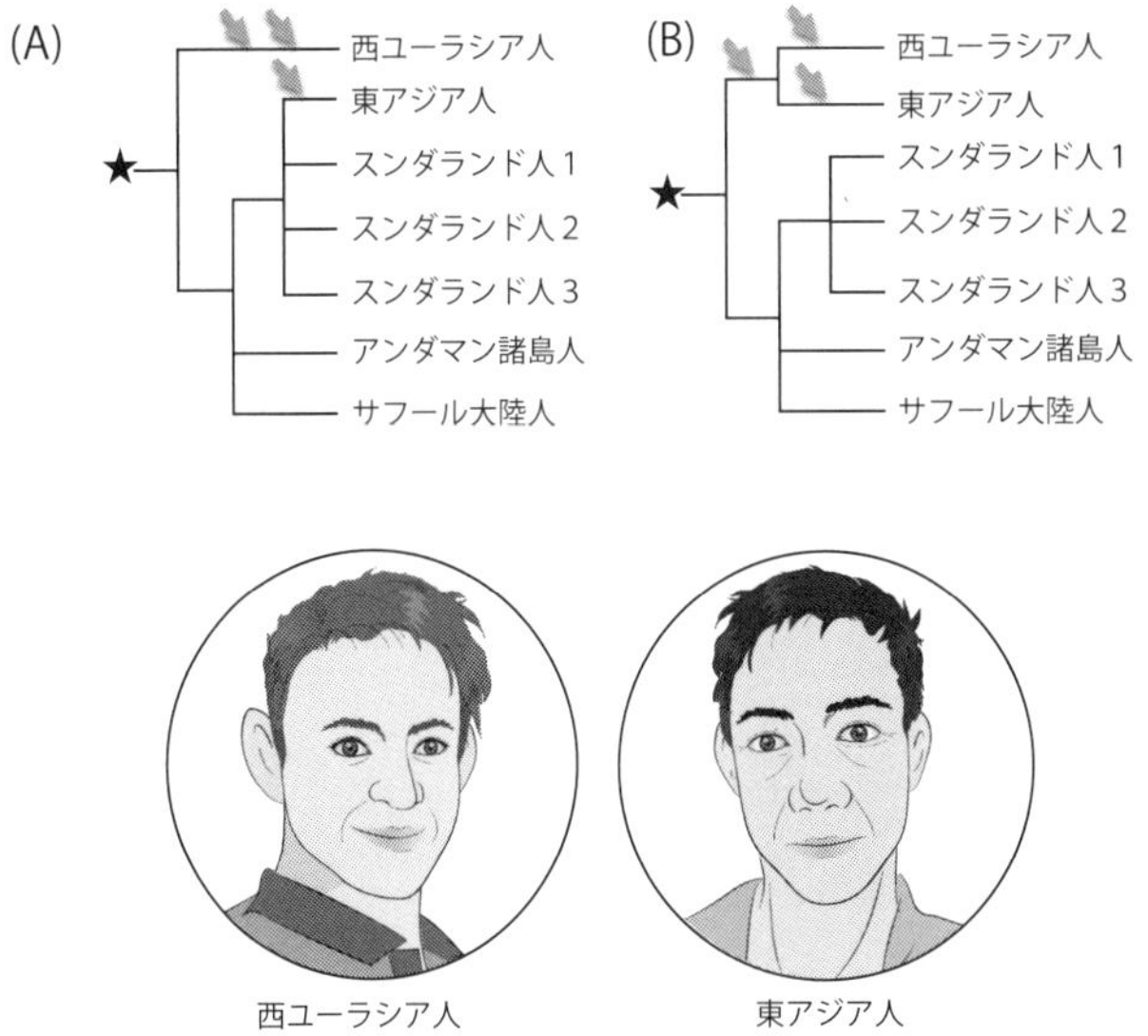

（3章を参照されたい）もこの農耕集団に含まれる。このネットワークを信じれば、これら農耕集団は、マレー半島とフィリピンのネグリト祖先集団から出現したことになる。なお、非ネグリト人であるカンボジア人がすこし特異な位置にあるが、これは彼らの祖先集団が古くからインドシナ半島に居住してきたことをしめしているのかもしれない。

東ユーラシアへの拡散ルートの仮説

新人が出アフリカしたあとの東ユーラシアへの拡散については、まだ不明な点が多い。図14の系統ネットワークおよび図5の系統樹にしたがうと、図15（A）のような系統関係が想定される。

ここで「東アジア人」としているのは、揚子江中流域で稲作農耕を始めた人々の子孫であり、現在は日本列島から東南アジアまでひろく分布している。「スンダランド人1〜3」は、ルソン島、ミンダナオ島、マレー半島の3系統のネグリト人を、「サフール大陸人」はパプアニューギニア、オーストラリア、メラネシアに居住する人々を意味している。なお、★印は出アフリカの時点を意味する。

一方、以前から西ユーラシア人と東アジア人の近縁性が指摘されてきた。最近のゲノム配列をもとにした解析結果でも、この近縁性をしめした論文がある。そこで図15（B）には、これにしたがった系統樹をしめした。

図10も、この系統樹にしたがったパターンになっている。さらにまた別の考え方も提唱されている。それは、ユーラシアの北部ステップ経由で西ユーラシアから移動してきた系統と、東南アジアから北上した系統の混血によって、東アジア人が形成されたとするものである。このモデルは図15（C）にしめされている。ある意味では、図15（C）のモデルは図15（A）と図15（B）の折衷案《せっちゅうあん》ともいえよう。

現時点では、（A）〜（C）のどのモデルがもっともあてはまるのか、あるいはさらに別のモデルのほうがよいのか、決定的なことはいえない。そこでひとつの視点として、皮膚色の変化を考えてみよう。

アフリカで誕生した新人の祖先は、強い太陽光線からからだをまもるために、皮膚色が黒かったと考えられている。実際に、図16（A）でしめしたように、現在サハラ砂漠以南のアフリカに住む人々は皮膚色が黒い。出アフリカを経験した人々においても、インド南部、パプアニューギニア、メラネシア、オーストラリアの先住民、および東南アジアに散在するネグリト人は皮膚色が濃い。一方、ユーラシアの大部分において、皮膚色は薄くなっている。そこで図15の系統樹には、皮膚色が薄くなった変化が生じたと考えられる系統樹の枝に灰色の矢印をしめした。

皮膚色に関与する遺伝子は、いくつか候補が知られており、西ユーラシア人と東アジア人でそれぞれ複数の異なる遺伝子が寄与したことがわかっている。また、西ユーラシア北部の人々は特に皮膚色が薄くなっているので、西ユーラシア人の系統では2個の矢印を与えた。

図15（A）のモデルだと、東アジア人は、スンダランド人の系統からわかれたあとに皮膚色が薄くなったことになる。この矢印がある系統樹の枝は、1万年程度と推定されている。このぐらいの時間で、はたして皮膚色は薄くなるだろうか。

遺伝子の変化は、大部分が自然淘汰に左右されない中立進化であるが、一部については自然淘汰に影響される。さまざまな動物の皮膚色は、自然環境、特に紫外線の強さに影響されることが知られている。ヒトも例外ではない。そこで、図16（B）には、紫外線の強さなど環境から推定される最適皮膚色の分布をしめした。

図16：皮膚色の分布

(A) 実際の皮膚の分布

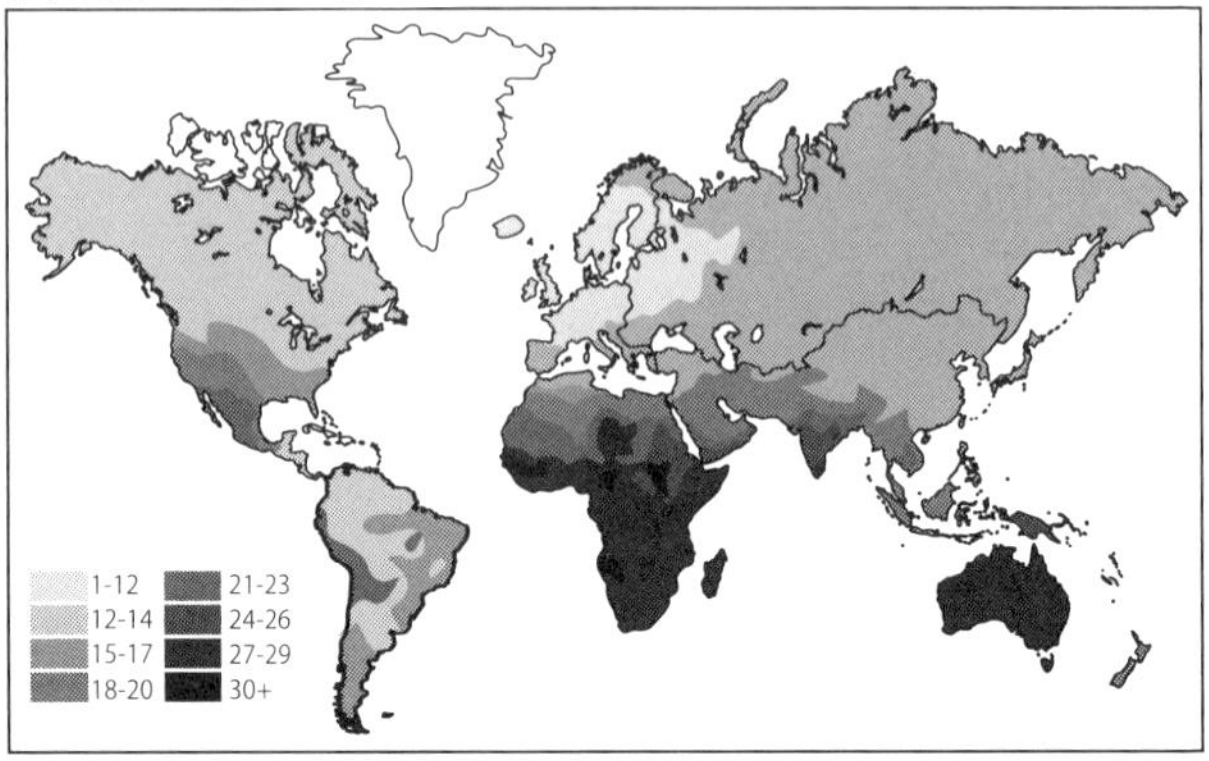

(B) 紫外線の強さなど環境から推定される最適皮膚色の分布

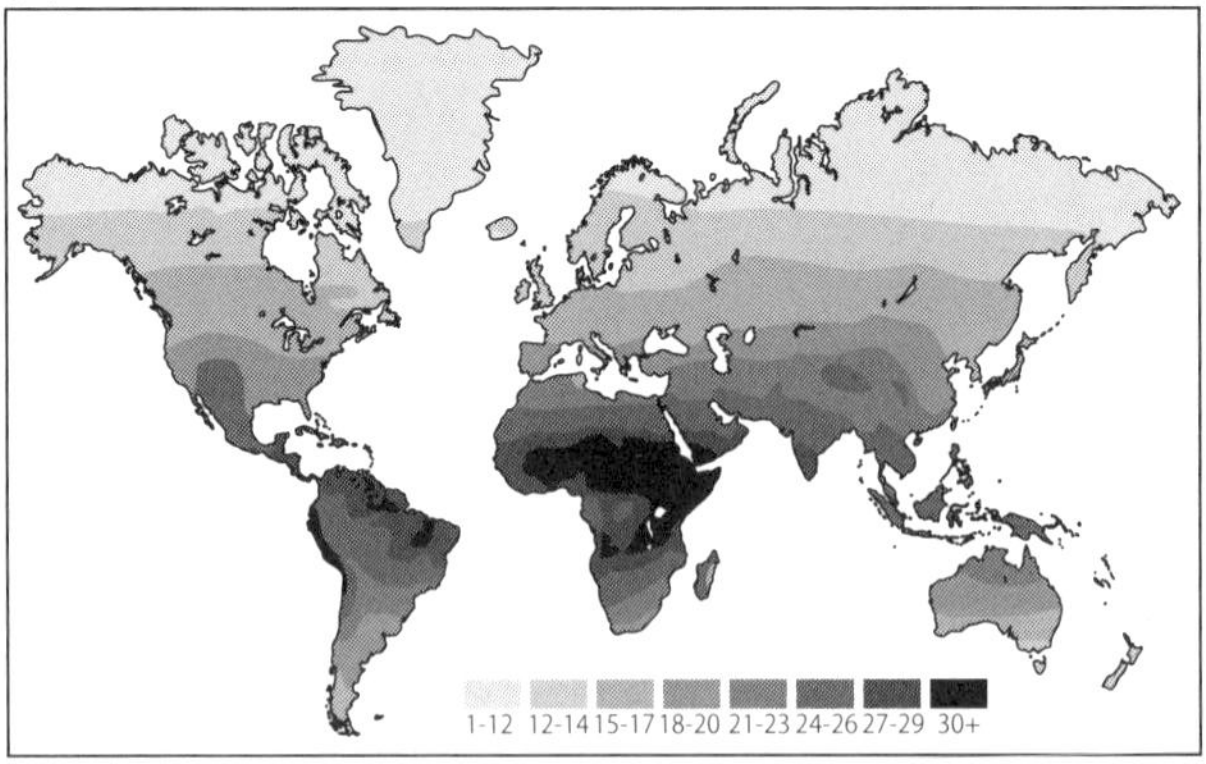

アフリカの中央部では皮膚色の濃いほうが生存に有利だが、実際に現実のアフリカ人は皮膚色が濃い。インド南部、東南アジアについても、図16（B）の予想皮膚色と図16（A）の実際の皮膚色は似ている。ところが、オーストラリアや南アメリカ大陸をみると、両者はかなり異なる。南米北部では紫外線が強く、皮膚色が濃いことが期待されるが、実際にこの地域に住んでいる人々（過去500年以内にヨーロッパやアフリカから移住した人々は除いて考えている）の皮膚色はそれほど濃くない。

彼らアメリカ大陸の先住民は、1万5000年ほど前にユーラシアから移動してきた人々の子孫だと考えられているが、この祖先集団はすでにかなり皮膚色が薄くなっていた可能性がある。ところが、南米地域の人々は、あまり皮膚色が濃くない。これは、皮膚色を薄い状態から濃い状態に変化させる遺伝子の変化がゆっくりしたものだということを意味している。

この考察を系統樹にあてはめると、東アジア人の系統で皮膚色変化に要する時間が短い図15（A）は、やや不利となる。ただし、皮膚色が濃い状態から薄い状態になる変化は、濃い皮膚色の原因となるメラニンの量が減少する遺伝子の変化であり、皮膚色が薄い状態から濃い状態に変化する場合よりも、おこりやすい可能性がある。すると、図15の3種類の系統樹は、今のところどれもありえることになる。

本章では、アフリカを出たあと、おもに東ユーラシア・スンダランド（現在の東南アジア島嶼部の大部分）・サフールランド（現在のパプアニューギニア、オーストラリア）に人々が拡散していった道筋をたどった。次章では、いよいよヤポネシア人が主人公となる。

3章 最初のヤポネシア人

日本列島に住むわれわれの源流を探るアプローチ法とは

ヤポネシアとは

本書のタイトルは『核DNA解析でたどる日本人の源流』である。読者の大部分は、自分を「日本人」とよぶことに違和感はないだろう。しかし歴史をさかのぼってみると、「はじめに」でも言及したが、この言葉が使われだしたのは、7世紀に大和朝廷が自身の国号を「日本」に変えて以来のことであり、わずか1300年ほどしか経っていない。もっと古い名称としては、中国の歴代王朝が使った「倭」があるが、これもせいぜい2500年ほどの古さだ。

それより前の時代の人々は、「縄文時代人」や「旧石器時代人」であるとか、「日本列島人」とよぶことがある。しかし、時代名称によってある特定の地域に住んだ人々をしめすのには、時空に関する論理的な問題がある。「日本列島人」も、国家の枠から離れているとはいえ、日本という単語を含むので、それなりに問題であろう。

そこで、古い時代から日本列島に住んでいた人々を、『日本列島人の歴史』(岩波ジュニア新書、2015)につづいて、本書でも「ヤポネシア人」とよぶことにする。「ヤポ」は日本をラテン語ではヤポニアとよぶことから、「ネシア」は「ポリネシア」や「ミクロネシア」というように島々を意味する。この言葉は、長く奄美大島に住んだ作家の島尾敏雄が提唱したものである。「ヤポ」がそもそも日本から派生した言葉なので、これもまた不適切だという指摘もある。かといって、現

図17：ヤポネシアの地理的構成

在日本列島とよばれている地域を、日本と無関係な言葉に変えようとするのも、いかがであろうか。筆者としては、漢字を用いずカタカナで表記されているヤポネシアに親しみをおぼえているので、この単語を用いることにする。

図17の地図をみてほしい。『日本列島人の歴史』で定義したように、ヤポネシアとは、地理的にみると千島列島弧《ちしまれっとうこ》、樺太島《からふととう》（サハリン島）、北海道・本州・四国・九州とその周辺の島々、および琉球列島弧までの範囲を含む。ヤポネシアに住みつづけてきた人間とその文化は、大きくわけると3種類なので、それにしたがって日本列島を北部、中央部、南部とわける。

北部は樺太島、千島列島、北海道を中心とした地域、中央部は、本州、四国、九州を中心とした地域、南部は奄美大島から与那国島《よなぐにじま》まで連なっている琉球列島弧、すなわち南西諸島に対応する。千島列島と樺太島には、かつてアイヌ人が住んでいた。北海道・本州・四国・九州を中心とした日本列島には、大昔から現在まで、本書の主人公である3種類の人々（ヤマト人、オキナワ人、アイヌ人）が住んでいる。南西諸島には、おもにオキナワ人が居住してきた。なお、工藤隆（2012）も日本列島の人々をヤマト民族とよぶことを提唱している。

最初のヤポネシア人

人間がはじめてヤポネシアにやってきたのは、いつごろだろうか？　直接の証拠は人骨だが、一番古いとされているのは、沖縄本島那覇《なは》市内にある山下町第一洞穴遺跡出土のもので、炭素14法を用いておよそ3万2000年前と推定されている。人骨よりもずっと残りやすい石器は、およそ4万年前から、ヤポネシアのあちこちで発見されている。海部陽介（2016）によれば、日本の旧石器遺跡は全国に1万か所以上あるが、それらの年代は3万8000年以降である。

なお、2000年11月に、毎日新聞によって旧石器発見の捏造《ねつぞう》が報道されるまで、日本の旧石器時代研究者の大部分は、日本列島に30万年、40万年前から人が住み着いていたと信じていた。一般向けの書籍どころか、高校の日本史の教科書にもそのように書かれていた。このため、古い書物の場合には、注意が必要である。

4万年前、地球は氷河期だった。海水の一部は蒸発して陸に雪となって降り、氷河が形成されていた。このため、海水面は現在よりもずっと低く、浅い海は陸地となっていた。図18に、およそ2万年前のヤポネシア周辺の海岸線地形をしめした。ユーラシア大陸と陸つづきといってよいほど近づいていたことがわかる。当時、ユーラシア大陸にどのような人々が住んでいたのだろうか？

中国北京の近郊にある田園（ティアンユアン）洞窟から出土した約4万年前の人骨の古代DNAを解析した付巧妹（フー・チャオメイ）らは、この人間の系統が出アフリカのあと、ユーラシアで東と西に人類が分化したあとに出現したが、アメリカ人、東ユーラシア人、サフール人の祖先集団と分岐した古い系統であると推定している。この人骨の持っていたミトコンドリアDNAは、現代人のハプログループBとよばれる系統の共通祖先から出ており、きわめて古い系統であることがしめされた。4万年ほど前にヤポネシアに到達した人々も、あるいはティアンユアン洞窟から発見された人骨と、似かよった系統の人たちだったかもしれない。

ヤポネシアに人間が住み着いてから2万年以上経つと、土器が出現した。いわゆる「縄文式土器」である。土器出現の前は、日本の考古学では旧石器時代とよぶ。図19に、ヤポネシア中央部における年代区分をしめした。縄文時代については辻誠一郎（2013）、旧石器時代については佐藤宏之（2013）にしたがっている。

縄文式土器の編年（一連の土器型式が使われた順序を明らかにすること）から、縄文時代は6期間にわけられることが多く、またそれらの年代は、放射性同位元素のひとつである炭素14の残存率を用いた物理学的手法で推定されている。実際には、縄文時代の区切り方についても、年代についてもいろいろな議論がある。土器が使われていなかった旧石器時代にも、いろいろな区分が提案され

図18：ヤポネシア周辺の2万年前の海岸線地形

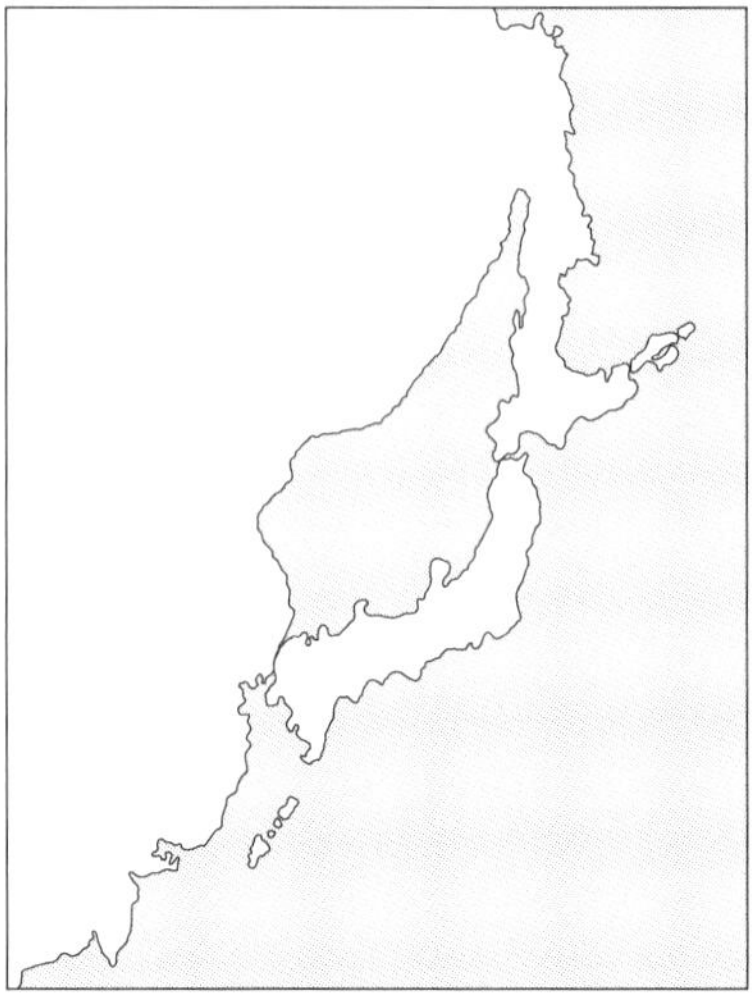

（海部 2016の図にもとづく）

図19：日本列島中央部におけるヤポネシア時代の年代

縄文時代	1万6000～3000年前
晩期	3400～3000年前
後期	4400～3400年前
中期	5500～4400年前
前期	7000～5500年前
早期	1万1500～7000年前
草創期	1万6000～1万1500年前
後期旧石器時代	4万0000～1万6000年前
後半期後葉	1万8000～1万6000年前
前半期前葉	2万8000～1万8000年前
前半期	4万0000～2万8000年前

ており、ここではその一例をしめした。

土器や石器は、大昔の人々にとって重要な道具だったと思われるが、考古学では縄文時代と旧石器時代に大きく二分される時代は、採集狩猟中心の生活だった。そこで『日本列島人の歴史』では、この時期を「ヤポネシア時代」とよぶことを提唱した。しかし本書では、従来の時代区分を尊重することにする。

ヤポネシアの北部や南部では、中央部とは別の区切りがされており、北部（北海道など）では、縄文式土器は約1万年前以降の遺跡でしか発見されておらず、旧石器時代から縄文時代への移行が、ヤポネシア中央部よりも6000年ほど遅いと推定されている。旧石器時代の開始時期についても、北海道では中央部よりも数千年の遅れがあったと考えられている。

ヤポネシアの南部には、当時人間が住んでいたことはまちがいないが、小さな島々なので、ずっと連続して住んでいたのかどうかはわからない。7000年ほど前に、縄文式土器が九州からヤポネシア南部の奄美諸島と沖縄本島にもたらされた。一方先島《さきしま》諸島では、土器を含めて、台湾やフィリピンなどから影響があったことがわかっている。このように、旧石器時代と縄文時代には、ヤポネシアの北部、中央部、南部それぞれで、独自の変化があった。ただし、これら3地域間に交流があったこともたしかである。

ヤポネシアにおける土器の変遷

1万6000年前ごろ、ヤポネシアに土器がはじめて出現した。青森県の大平山元《おおだいやまもと》遺跡から出土した無紋《むもん》土器がそれである。その後、その表面に「縄文」（縄紋と書く場合もあり）という模様が登場し、これらを典型例として、縄文のない無紋土器なども含め、作成法が似かよった土器を「縄文式土器」とよんでいる。この形式の土器はヤポネシア全域で長く制作されたが、3000年前以降、ヤポネシア中央部で弥生式土器が使われはじめ、3世紀には土師器《はじき》や須恵器《すえき》が登場した。

なお、地球上の他の地域を考えると、西アジアでは、農耕が始まってから土器が出現するが、東アジアやシベリアでは、採集狩猟の段階ですでに土器が使われているという特徴がある。

縄文式土器は、ヤポネシア中央部では2500年前ごろまで、北海道を中心とした日本列島北部では1400年前ごろまで、ヤポネシア南部（南西諸島）ではさらに遅く、グスク時代の始まった1000年前ごろまで、ずっとつくりつづけられた。

ヤポネシアは、縄文式土器形式の研究から、北海道、東北、甲信越、関東、西日本（現在の近畿・中国・四国）、九州・沖縄の6文化地域に大きくわけられることがある。また、北海道と沖縄を除いた日本列島中央部に着目して、東北、関東、中部高地、北陸、東海、近畿、中国・四国、九州の8地域にわける場合もある。これらの地域が地理的にまとまっているのは、山脈などで区切られて人間が往来しにくいことによる、地形の影響が大きい。

ただし、海はヤポネシア人にとってそれほど障害ではなかったようだ。津軽海峡をはさんで縄文時代前期と中期にかけては円筒式土器が使われ、縄文時代晩期には亀ヶ岡《かめがおか》系土器が使われた。四国は縄文時代全体にわたって、本州の近縁地域と似かよった縄文式土器を使っていたので、瀬戸内海は障害になっていない。

縄文時代中期には、北陸・近畿・中国・四国地域で流行していた土器形式が、九州までひろがっていた。さらに、沖縄は縄文時代を通じて九州からの影響を受けつづけた。また2017年になって、沖縄県北谷町《ちゃたんちょう》伊平《いへい》遺跡から縄文時代晩期に東北で使われていた大洞《おおぼら》系の縄文式土器が発見されている。縄文時代にもヤポネシアの南北をつなぐ壮大な交流があったのである。

ヤポネシアから海を渡るとすぐそこにユーラシア大陸がある。旧石器も縄文式土器も、もとは大陸から伝えられたようだ。縄文時代には、逆に縄文式土器が朝鮮半島に影響をあたえた場合もあった。縄文時代前期に九州から沖縄にかけて分布した曽畑《そばた》式土器は、朝鮮半島南部の櫛目文《くしめもん》土器と類似しており、研究者によっては、なんらかの交流があったと考える。また、井口直司《なおし》（2012）によれば、やはり九州だが、時代はずっとくだって縄文時代晩期に九州全域に分布した黒色磨研土器が、中国の龍山《ロンシャン》文化の影響を受けた可能性があるという。

龍山文化ではすでに農耕が始まっていたので、土器の技術や知識だけがヤポネシアに伝えられたという可能性がある。山田康弘（２０１５）や勅使河原彰《てしがわらあきら》（２０１６）も、縄文時代における大陸と日本列島との交流について言及している。

ヤポネシア人成立の定説

ここで、古代ＤＮＡ研究の話にはいるまえに、ヤポネシア人の成立について現在の定説である「二重構造モデル」について、簡単に説明しておこう。このモデルは、人骨の形態を研究した山口敏《びん》や埴原和郎《はにはらかずろう》が１９８０年代に定式化したものだ。ヤポネシアのいろいろな年代と地域にまたがる集団およびヤポネシアが含まれる東ユーラシアの人類集団との比較から導き出されたものである。

二重構造モデルの概略は次のとおりだ。ヤポネシア（日本列島）に旧石器時代に移住して最初に住み着いた人々は、東南アジアに住んでいた古いタイプの人々の子孫であり、彼らがその後縄文人を形成した。弥生時代になるころ、北東アジアに居住していた人々の一系統が日本列島に渡来してきた。彼らは、もとは縄文人の祖先集団と近縁な集団だったが、寒い環境への遺伝的な適応変化により、骨形態が縄文人とは異なっていった。

この新しいタイプの人々は、ヤポネシアに水田稲作農業を導入し、北部九州に始まって、ヤポネシア中央部全域に移住を重ね、そのあいだに先住民である縄文人の子孫との混血をくり返した。これが現在日本列島に居住する多数派であり、本書では『日本列島人の歴史』にしたがって、ヤマト人とよぶ。

ところが、ヤポネシア北部と南部にいた縄文人の子孫集団は、この渡来人との混血をほとんど経ず、やがてそれぞれアイヌ人とオキナワ人の祖先となっていった。現代日本人集団の主要構成要素を、ヤポネシア時代の第一波の移住民の子孫である「土着縄文系」と、弥生時代以降の第二派の移住民である「渡来弥生人系」のふたつに考えて説明したことから、この説は「二重構造モデル」とよばれている。

最初は骨の形態を比較した研究から提唱された二重構造モデルだが、その後遺伝子データからも、ヤポネシア北部のアイヌ人と南部のオキナワ人の共通性が確認されている。もっとも、オキナワ人はヤマト人にとても近い関係にあるので、この点から二重構造モデルを批判する研究者もいる。またアイヌ人の成立には、奈良平安時代に北海道のオホーツク海沿岸にひろまったオホーツク文化人の影響が、文化的にも遺伝的にもあるとわかってきたので、この点からも二重構造モデルを批判する研究者がいる。

しかし、ヤポネシアの中央部に長く居住してきたヤマト人のなりたちを、「縄文」という言葉で象徴される土着の要素と、「弥生」で象徴される大陸からの新しい渡来人の要素で説明する二重構造モデルは、単純化されているので、あくまでも第一近似としてとらえるべきだろう。アイヌ人とオキナワ人の現在の様相、さらにはヤマト人そのものについても、これら二大渡来要素に追加して考えることで、基本的には説明できるのである。その意味で、二重構造モデルはヤポネシア人成立についての定説である。

ただし、縄文と弥生の二大要素の起源が問題として残る。弥生時代以降の渡来人は、考古学的・歴史学的な研究とも合致して、朝鮮半島や半島北部、あるいは山東《シャントン》半島などの現在の地域に居住していた人々の一派だと考えられるが、旧石器時代から縄文時代にかけてヤポネシアに渡来した人々の起源については、大陸のわずかな数の遺跡から発見された人骨の形態をもとに、東南アジアだろうとだけいわれており、遺伝学データの解析からは、この点は否定・肯定の両者が存在してきた。否定論者は、縄文人の祖先も北方アジアに求めようとしたのである。

そこで、過去の直接的なしかも膨大な証拠となる、古代ゲノムDNAデータの登場である。

縄文時代人の古代DNA研究

現代に生きる私たちは、祖先から伝えられたDNAを持っているので、現代人のDNAを調べても過去の人々についてある程度推測することができる。しかし、過去に生きていた人々のDNAを調べることができれば、直接的な証拠になる。このようなDNAを「古代DNA」とよぶ。技術的な制約があるので、これまではもっぱらミトコンドリアDNAの塩基配列を調べることがおこなわれてきたが、現在では、数万年以上前までさかのぼって、いろいろな年代に生きていた人々の骨や歯のなかに微量に残っていたDNAから、核ゲノムのDNA配列が、次々に決定されている。

日本では、1991年に国立遺伝学研究所の宝来聰《ほうらいさとし》らが、埼玉県で発見された縄文時代人の頭骨からミトコンドリアDNAを抽出し、塩基配列の一部分を決定したのがはじめての成果だった。この縄文人のミトコンドリアDNA塩基配列が現代東南アジア人のものと一番近かったので、骨の形態データの研究から推定されていた、縄文人東南アジア起源説が証明されたかのような期待感もあった。

その後、国立科学博物館人類研究部の篠田謙一、山梨大学医学部の安達登らが、関東、東北、北海道の各地で出土した縄文時代人の骨や歯からDNAを抽出し、主としてミトコンドリアDNAの系統（ハプロタイプとよぶことが多い）を決定してきた。現在では100個体を超える縄文時代人のミトコンドリアDNAが調べられている。

斎藤研究室での神澤秀明さんの苦労話

筆者の研究室でも、2009年4月から2014年3月までの5年間、総合研究大学院大学生命科学研究科遺伝学専攻の5年一貫制博士課程（修士課程にあたる前半の2年間と通常の博士課程にあたる後半の3年間をあわせたシステム）の学生だった神澤秀明《かんざわひであき》さん（現在国立科学博物館人類研究部の研究員）が、古代DNAの解析をおこなった。最終的には、2016年に縄文時代人の核ゲノムデータを決定し解析した論文を発表することができたのだが、そこにたどりつくには、7年以上の歳月がかかったのである。ここで神澤さんの苦労話を簡単に紹介したい。

神澤さんがわたしの研究室に入学するまで、わたしは古代DNAのデータ解析に関係したことがあった。東京大学理学部で弥生時代人や中国人の古代DNA解析を進めていた植田信太郎教授の研究グループとの共同研究がそれである。ミトコンドリアDNAの塩基配列解析を進めるために、コンピュータのC言語でプログラミングして、集団の系統樹を作成したりしたものである。

また、3000年ほどまえに中国の商王朝（日本では殷《いん》とよぶことが多い）の都があった現在の安陽市にも、植田教授や中国の共同研究者とともに、何度か訪問したことがある。古代DNAに関する論文を収集したデータベースを構築したこともあった。このように、古代DNAには大きな興味があったのだが、自分で実験的にDNAを抽出することはなかった。

さいわい、神澤さんが古代DNA解析をしたいという希望を持って、2009年4月に総合研究大学院大学の遺伝学専攻5年一貫制博士課程に入学することが決まるすこし前に、京都にある総合地球環境研究所でインダスプロジェクトを立ちあげていた長田俊樹《おさだとしき》教授から、自分たちの発掘しているインドの遺跡から墓が発見されたので、古代人のDNA解析をしてくれないかという依頼を受けた。

そこで、2009年2月にインドにおもむき、首都デリーから車で3時間ほどいったところにある、ハリヤナ州のファルマナ遺跡を訪問した。そのときに、神澤さんの練習問題にするべく、ウシの骨や歯のサンプルを持ち帰った。

最初からヒトのサンプルを用いるのは、実験者自身の試料混入〈専門用語でコンタミ〈contamination〉という〉によって結果がまちがう可能性があるので、ヒト以外の試料を使ったほうが安全だと考えたのである。また、今のインドではコブウシが一般的だが、インドの言語はヨーロッパと系統的に同じ印欧語族であり、印欧語族の人々はふつうのコブがないウシを使っていたと考えられる。ミトコンドリアＤＮＡでコブウシとふつうのウシは明確に異なっているところがあるので、インダス文明の時代にどちらのウシが使われているのかがわかれば、それだけでも大きな発見になり、トライする意味があると考えたのだ。

なお、インダスプロジェクトからは、この古代ＤＮＡ研究のために、それなりの予算を使わせていただくことができ、われわれが古代ＤＮＡの実験的研究をスタートするために、とてもありがたかった。

ところが、ウシの古代ＤＮＡを抽出することはできなかった。みかけはしっかりした骨や歯だったのだが、毎年この遺跡のある地域は洪水に見舞われるとのことだったので、ＤＮＡは、水が存在し気温が高い場合には、いろいろな化学反応により分解が進むので、長いあいだに骨から失われてしまったらしい。この時点までに、神澤さんが入学してから1年以上が経過していた。

困ってしまったわたしは、本当にサンプルが悪いのか、あるいは神澤さんの習得した技術に問題があるのかを確かめるべく、いよいよヒトのサンプルに挑戦してもらうことにした。わたしは東京大学理学部人類学教室で人類学を学んだが、総合研究博物館（当時は総合研究資料館とよばれていた）には、長年にわたって収集されたいろいろな時代のヒトの骨が保管されていた。そこで、これらの資料の保管責任者である諏訪元《すわげん》教授にお願いして、江戸時代、鎌倉時代、縄文時代という、3種類の時代の人骨資料を使わせていただいたのである。2010年6月のことだった。

また、それまではウシの骨ということで、現代人のDNAを扱うこともあるわたしの研究室の実験室で実験をしていたが、ヒトのサンプルを使うには、特別の部屋が必要だということになった。国立遺伝学研究所は、行政的には大学共同利用機関のひとつである情報・システム研究機構に属しているが、この機構には、国立極地研究所も含まれており、国立遺伝学研究所と国立極地研究所が合同で、南極でサンプリングした氷から微生物をとりだしてそのDNAを調べるプロジェクトが当時たちあがっていた。このため、通常の実験室とは異なる、空間を浮遊している微生物からのDNAの混入（コンタミ）を避けるための特別の実験室がつくられていた。

そこでその実験室の責任者にお願いして、古代DNAの研究にも使わせていただくことになった。さらにラッキーなことに、この南極サンプル用実験室の隣の実験室は、国立遺伝学研究所白木原《しらきはら》研究室の所属だったが、特に使う予定がないということで、白木原康雄博士のご好意により、古代D

NAの研究に使わせてもらえることになった。

ヒトのサンプルを使うので、この特殊な部屋（実験着に着替えることができる前室もあり、古代DNA研究にピッタリだった）には、神澤さんだけが出入りすることにした。あまり予算がなかったので、実験で用いる実験着を消毒するためのロッカーは、むかしから斎藤研究室で使っていた古いロッカーに紫外線蛍光灯をとりつけて使うといった工夫をした。

江戸時代の骨からは、神澤さんは比較的簡単にDNAを抽出することができた。そのDNAからミトコンドリアDNAをPCR法という手法で増幅し、サンガー法という従来の方法で塩基配列を決定することができた。次に鎌倉時代の人骨からも、すこし苦労したが、やはりミトコンドリアDNAの配列を決定することができた。つまり、神澤さんが習得した実験技法は、問題なかったのである。そこで、いよいよ縄文時代人にチャレンジすることになった。

わたしが人類学を学んでいた大学の学部時代には、人骨の実習や読書会などで、前述した総合研究資料館に出入りすることがあったが、そのときから、「三貫地貝塚《さんがんじ》」とラベルのある骨箱（人骨などの骨資料が収められている木箱）がずらりと並べられていたことをとても明確におぼえていたのである（三貫地貝塚は、福島県新地町にあり、そこから百数十体の縄文人の人骨が出土）。そこで、これら多数の人骨からつぎつぎに古代DNAを調べることができれば、古代人の集団遺伝学にとりくむことができるのではないかと考えたのだ。

三貫地貝塚出土縄文時代人のミトコンドリアDNA

諏訪さんがいろいろ検討されて、左右とも残っていて、あごにしっかりはさまっている奥歯（専門用語で大臼歯《だいきゅうし》）を4個体分、4本選んでいただいた。実際のサンプリングは、当時総合研究博物館の諏訪研究室で研究補助をされていた、東京大学大学院理学系の大学院生だった佐宗亜衣子《さそうあいこ》さんが担当された。

これらの貴重なサンプルを静岡県三島市にある国立遺伝学研究所のわたしの研究室に持ち帰った。さすがに縄文時代なので、後期から晩期とはいえ、簡単にはDNAが抽出できなかったが、神澤さんは、後述するようにいろいろと手法をトライして、なんとか数か月後にはDNAを抽出することができた。もちろん、DNAを得たといっても、それらがヒト由来かどうかはわからない。古い骨には、バクテリアや菌類が侵入して、それらのDNAが大部分であることが、ネアンデルタール人のゲノムDNAの研究論文からしめされている。

このような問題もあるので、古代DNAの研究には、従来は、塩基配列を増幅するPCR法の利用が必須だった。また、わたしの研究室にとって、古代DNAの塩基配列をじぶんたちで決定するのは、新しい分野だった。そこで、それまでの縄文時代人の研究で中心となっていた、ミトコンドリアDNAの一部分をPCR法で増幅して、塩基配列を決定することにした。

最初はミトコンドリアDNAの塩基配列のうちで、タンパク質のアミノ酸配列やRNAの配列情報を持たない領域（Dループとよぶことが多い）を、山梨大学医学部の安達登教授らが発表した論文にしたがって増幅したが、なかなかうまくいかなかった。

またミトコンドリアDNAの研究では、ハプロタイプを議論することが一般的だったが、Dループの配列だけでは、ハプロタイプをきちんと決定することができない。そこで神澤さんは、古代DNAがぶちぶちにちぎれていることから、100塩基よりも短いDNAも増幅できるようなPCRプライマー（PCR法でDNAを増幅するのに必要な短い塩基配列）を設計し、最終的には23種類のプライマーを用いて、東京大学から貸与を受けた三貫地貝塚出土の縄文時代人の歯4個体のすべてについて、それらのミトコンドリアDNAハプロタイプ（一部についてはさらにサブハプロタイプ）を決定することができたのである。

結果として、2個体がM7a2、1個体がN9b＊、残りの1個体がN9b2というサブハプロタイプだった（のちに次世代シークエンサーを使ってミトコンドリアDNAの塩基配列を決定したときには、16294番目の塩基がすこし異なっていたので、最後の個体もN9b＊と修正した）。篠田謙一や安達登らの先行研究で、東北地方の縄文時代人には、M7a2とN9bというミトコンドリアDNAのハプロタイプの頻度が高いことが知られていた。全体の90％はこれらの2ハプロタイプで占められている。

一方、現代日本人でもこれらのハプロタイプは存在するが、2ハプロタイプの合計でも10％未満である。神澤さん自身のミトコンドリアDNAハプロタイプはこれらとは異なっていたので、すくなくとも彼のDNAが混入したということではない。

そこで、まずこれらミトコンドリアDNAのデータにもとづいて論文を作成し、2012年5月に日本人類学会の機関誌であるAnthropological Scienceに投稿した。査読を経て、同年の11月に受理され、最終的には2013年3月に同誌のオンライン版で公開された。一方、印刷版は、121巻2号の89－103頁に掲載された。著者は、神澤さん（英語では、Kanzawa-Kiriyamaという苗字を使っている）、佐宗亜衣子さん、諏訪元教授、そしてわたしである。

生物学の論文では、一般的には筆頭著者（この論文では神澤さん）がもっとも大きな貢献をしており、また責任著者（最後の著者であることが多い。この論文ではわたし）が論文全体についての責任を負うので、次に大きな貢献をしているとされている。

この論文では、東北地方の縄文時代人で頻度が高いN9bとM7aというミトコンドリアDNAのハプロタイプが2個体ずつ発見されたことを報告しただけでなく、それまでに報告されている縄文時代人のミトコンドリアDNAの頻度をまとめて、これまでの論文ではトライされていない方法で、現代人と比較解析をおこなった。

これら4個体と、安達らが発表した19個体の東北地方縄文人のデータをあわせた23個体を東北地方の縄文人として、また安達らが発表した54個体の北海道縄文人のデータ、篠田謙一らによる関東地方の縄文人のデータを、佐藤丈寛《たけひろ》らによるオホーツク文化人（3〜10世紀）のデータおよび現代ヤポネシアの3集団（アイヌ人、ヤマト人、オキナワ人）と比較してみた。3地域の縄文時代人のどれかで10％以上の頻度があった5種類のハプロタイプの情報を選んで図20にしめした。

ハプロタイプN9bは、北海道と東北の縄文人で頻度が60％を超えているが、他の集団ではみつかっているものの、頻度はあまり高くない。東北地方の縄文人で次に頻度が高いハプロタイプM7aは、北海道と関東の縄文人では頻度が低いが、現代ヤポネシア3集団では、それなりの頻度である。関東地方の縄文人でもっとも頻度が高いハプロタイプM10は、他集団ではみつからないか、頻度はとても低い。

これらミトコンドリアDNAの系統ごとの頻度データをもとにして、北海道、東北、関東3地域の縄文人と、日本列島周辺の西太平洋沿岸地域の19現代人集団およびオホーツク文化人集団について、系統ネットワークで関係を調べてみた（図21）（なお、この図を作成するのに用いたデータは、主成分分析を用いた『日本列島人の歴史』の図5－3に掲載したものと同一である）。

北海道と東北の縄文人は明確なグループを形成しているが、関東の縄文人は、むしろ現代の日本列島人と近くなっている。アイヌ人はこれら縄文人よりも、ウルチ人やネギダル人に近い。オホーツク人もアイヌ人にかなり近くなっている。興味深いのは、ウデゲイ人の位置だ。平行四辺形のひ

図20：縄文時代人と他の4集団の ミトコンドリアDNAハプロタイプ頻度

M7a	N9b	D4	G1	M10	調べた集団	個体数
7	65	17	11	0	縄文時代（北海道）	54人
35	61	4	0	0	縄文時代（東北地方）	23人
4	6	19	0	33	縄文時代（関東地方）	54人
5	11	0	24	0	オホーツク文化人	37人
16	8	14	22	0	アイヌ人	51人
10	2	36	7	1	ヤマト人	211人
23	5	36	1	0	オキナワ人	326人

（神澤ら[2013]より）

図21：ミトコンドリアDNAからみた北海道・東北・関東 3地域の縄文人と周辺の現代人集団との関係

（神澤ら[2013]より）

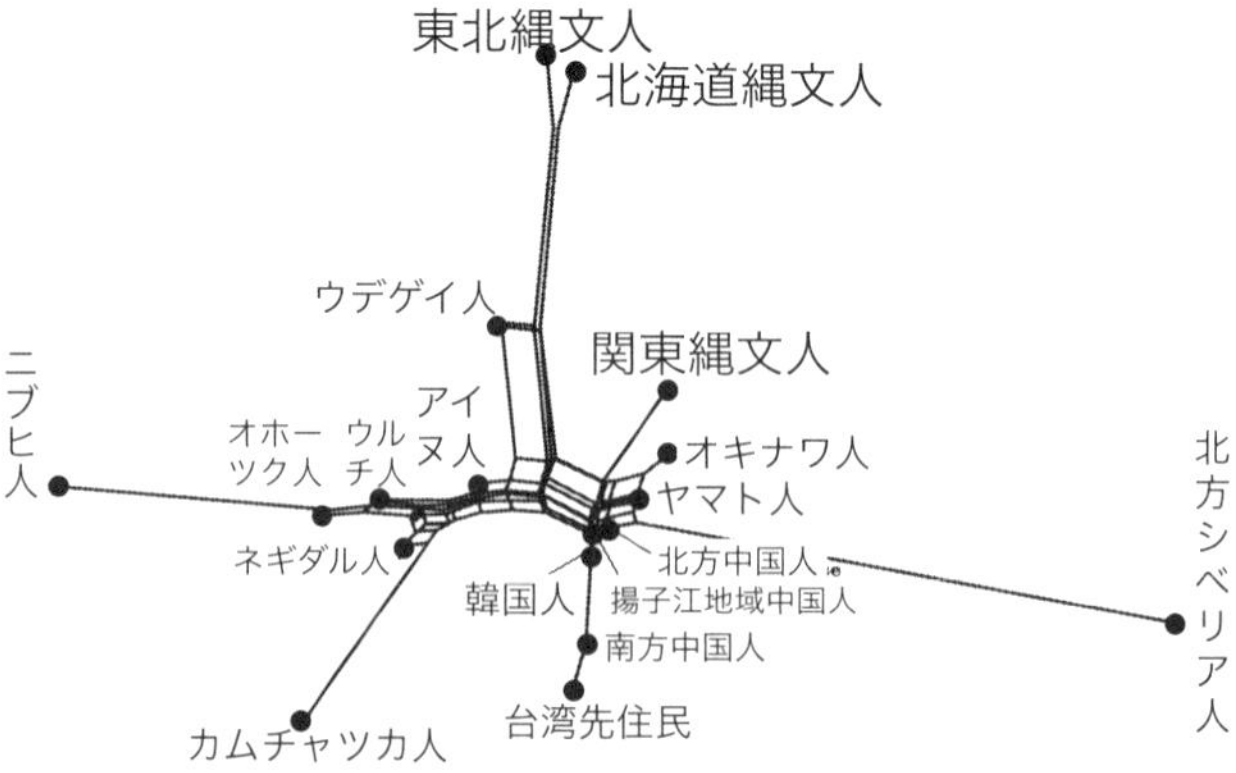

ウルチ人＝樺太島の対岸大陸地域に居住
ネギダル人＝アムール川河口の西北部に居住
ウデゲイ人＝ハバロフスクからすこし南の中露国境付近に居住

とつの頂点にあるが、これは、ウデゲイ人が縄文人のミトコンドリアDNAをある程度受け継いでいる可能性を示唆している。

いずれにせよ、ミトコンドリアDNAから得られる情報は限られている。多数個体を調べても、せいぜいハプロタイプの頻度がわかったり、ミトコンドリアDNAの系統樹が得られるだけだ。アフリカに出現して世界中にひろがっていった現代人の過去20万年にわたる進化を調べるには、たしかにミトコンドリアDNAのデータも一定の貢献をしたが、現在ではあくまでも核ゲノムの膨大なデータに対して補助的な役割をはたすのにとどまっている。

次世代シークエンサーを用いた三貫地縄文人の核ゲノムDNA塩基配列決定

神澤さんが三貫地貝塚出土縄文時代人の歯からDNAを抽出できたので、わたしたちはいよいよ彼らの細胞核ゲノムの塩基配列決定に挑戦した。当初はまだ実験技法が確立しておらず、一度の実験で100万円近い経費をかけても、なにもデータが得られないという失敗もあった。そこで、国立遺伝学研究所人類遺伝研究部門の井ノ上逸朗《いのうえいつろう》教授と細道一善《ほそみちかずよし》助教授（現在は金沢大学医学部准教授）の協力を得て、まず小規模の配列決定をおこなった。

井ノ上研究室にあるMiSeqという次世代シークエンサー（塩基配列を解析する装置）を用いたが、最初のうちは何度か実験がうまくいかなかった。DNAがあればそれでよいというものではなく、

DNA分子を「ライブラリー化」しなければならないのだ。このためには、DNAに一連の化学修飾をほどこす必要があり、そのために実験操作が必要なのである。試行錯誤《しこうさくご》ののちに、ようやく神澤さんはライブラリー化に成功した。次はいよいよ本格的な塩基配列決定である。今度は、MiSeqを開発したイルミナという米国の会社が開発した、別のマシン（最初はGAIIx. のちにHiSeq）を用いた。こちらは、このマシンを持つ日本国内のある会社に発注して塩基配列データを得た。

三貫地縄文人の核ゲノムDNA配列を得る

いよいよ、次世代シーケンサーがうみだした膨大な塩基配列ととりくむことになった。最初の解析は、当時私の研究室でポストドク（博士研究員）をしていたロシア人のキリル・クリュコフ博士が担当した。

彼の父は生物学者である。科学者の都市であるノボシビリスクでうまれたが、その後ウラジオストックに移り住んだ。父親が北海道大学理学部の鈴木仁《ひとし》教授と共同研究をしていたので、コンピユータサイエンスを専攻する大学生だったキリルも札幌に滞在したことがあった。そのときに、鈴木博士から頼まれて、さっとコンピュータプログラムを作成した彼の実力におどろき、わたしの研究室に大学院生として入学することを鈴木博士が勧めてくれたのである。

キリルはロシアの大学院で修士号を取得したあと、総合研究大学院大学生命科学研究科遺伝学専攻の博士課程に入学した。彼はわたしの研究室で、新しい多重整列ソフトウェアシステムMISHIMAを開発し、博士号を取得した後も、わたしの研究室でポストドクとして在籍していたのだ。キリルが計算してくれた結果から図22に、配列決定をした2個体から得られた塩基配列の分類をしめした。配列データが膨大なので、ランダムに一部の配列だけを選んで、それらを調べた結果である。バクテリア由来の塩基配列が、どちらの場合も30％を超えているが、これはもともとDNA抽出に用いた歯が、縄文時代の貝塚に埋められてから3000年経過しているので、そのあいだに歯に進入したものだと考えられる。この他カビなどの菌類もはいっていた。こうして、次世代シークエンサーがたたきだした28億7800万塩基から、ヒトゲノムの配列1億1500万塩基を選び出すことができた。比率でいうと、決定された全塩基配列のなかの4％弱しかないが、それでも1億個を優に超えている。

このようにして選ばれたヒト由来のDNAだが、今度はそれらが本当に縄文人由来なのか、それとも現代の考古学者や人類学者、あるいは実験をした神澤さん本人由来なのかが問題となる。そこで、まずヒト由来のDNAの長さの分布を図23Aにしめした。全体的にとても短く、ピークが84塩基ほどであり、長くても200塩基足らずである。これは、まさに古代DNAの特徴ではないか！いやちょっと待て。実は、次世代シークエンサーであるHiSeqは、200塩基までしか塩基配列を決定することができないのである。このため、現代人のゲノムを決定するときには、まえもってと

図22：縄文人DNA2サンプルから決定した塩基配列の分類（神澤ら［2016］より）

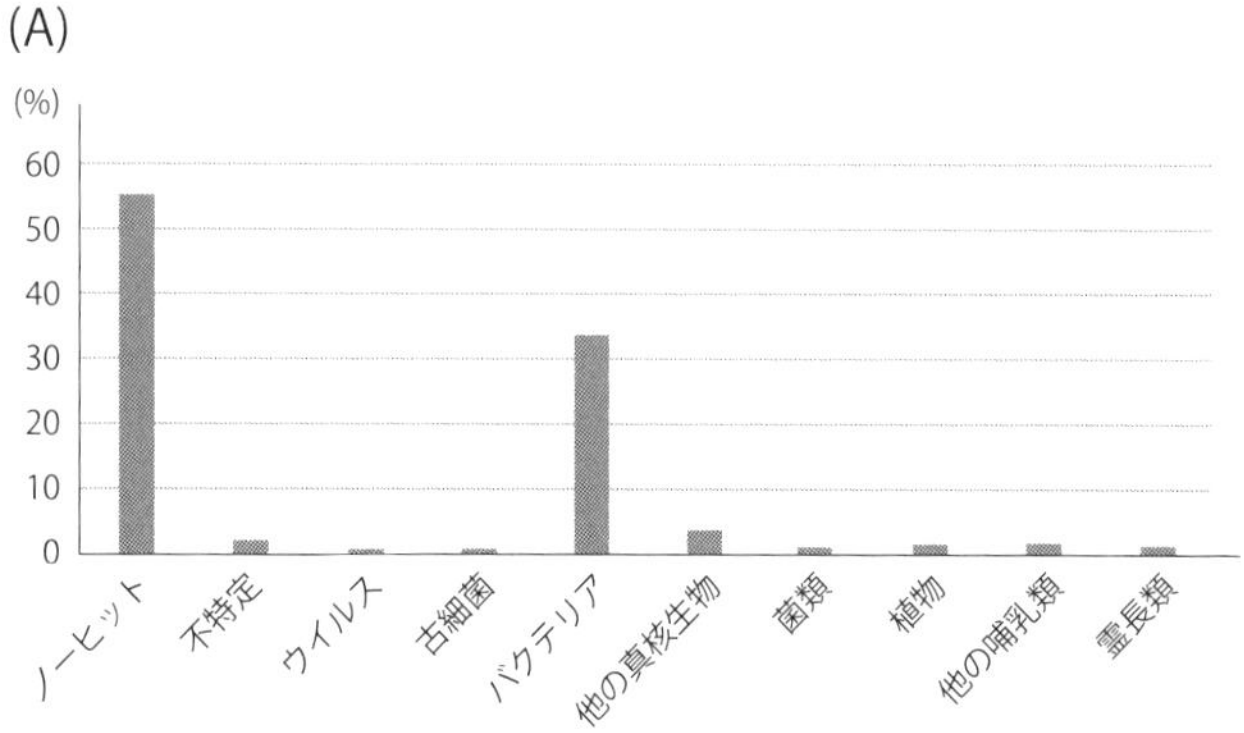

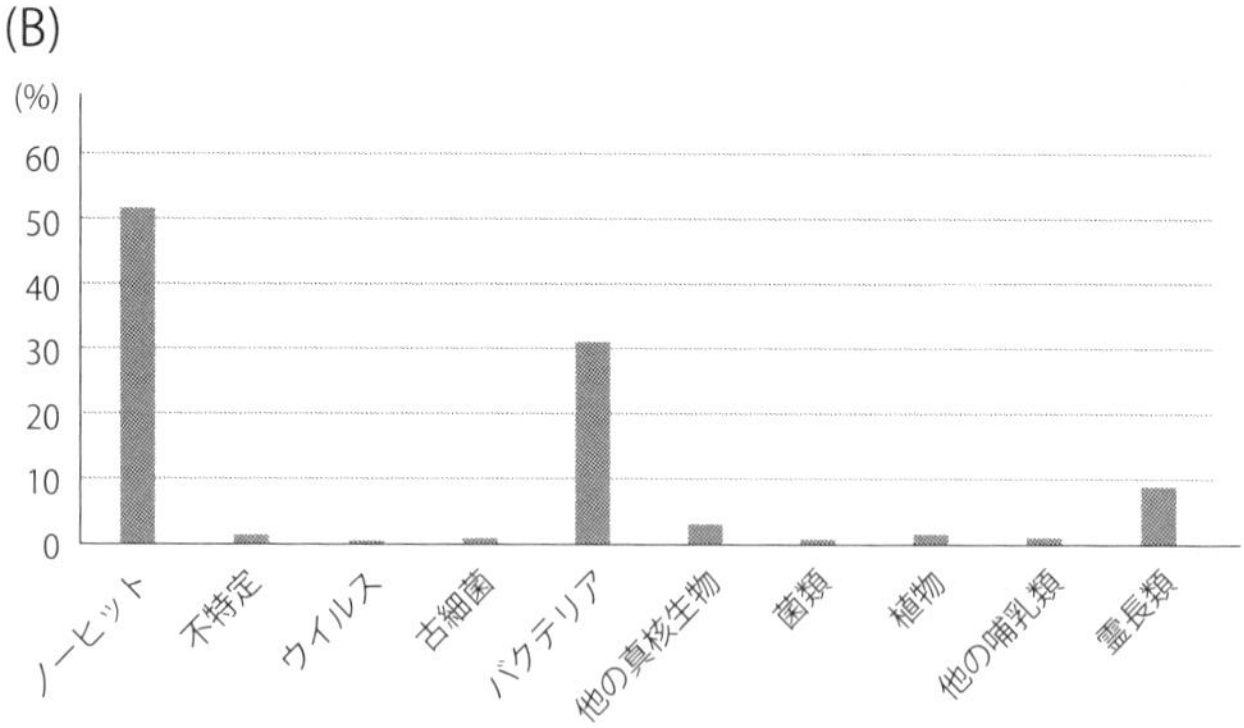

図23：DNA長の分布

(A) 縄文人の歯由来のヒト DNA 配列の長さの分布（神澤ら [2016] より）

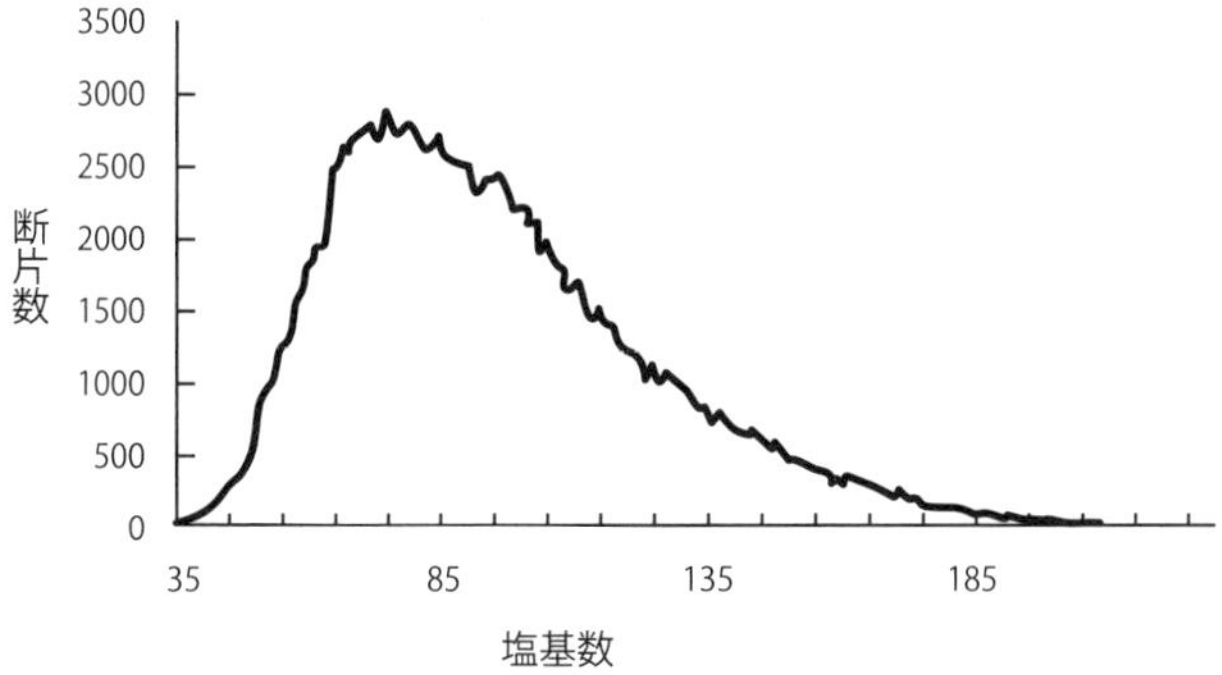

(B) 現代人の DNA を用いた場合に予想される長さの分布

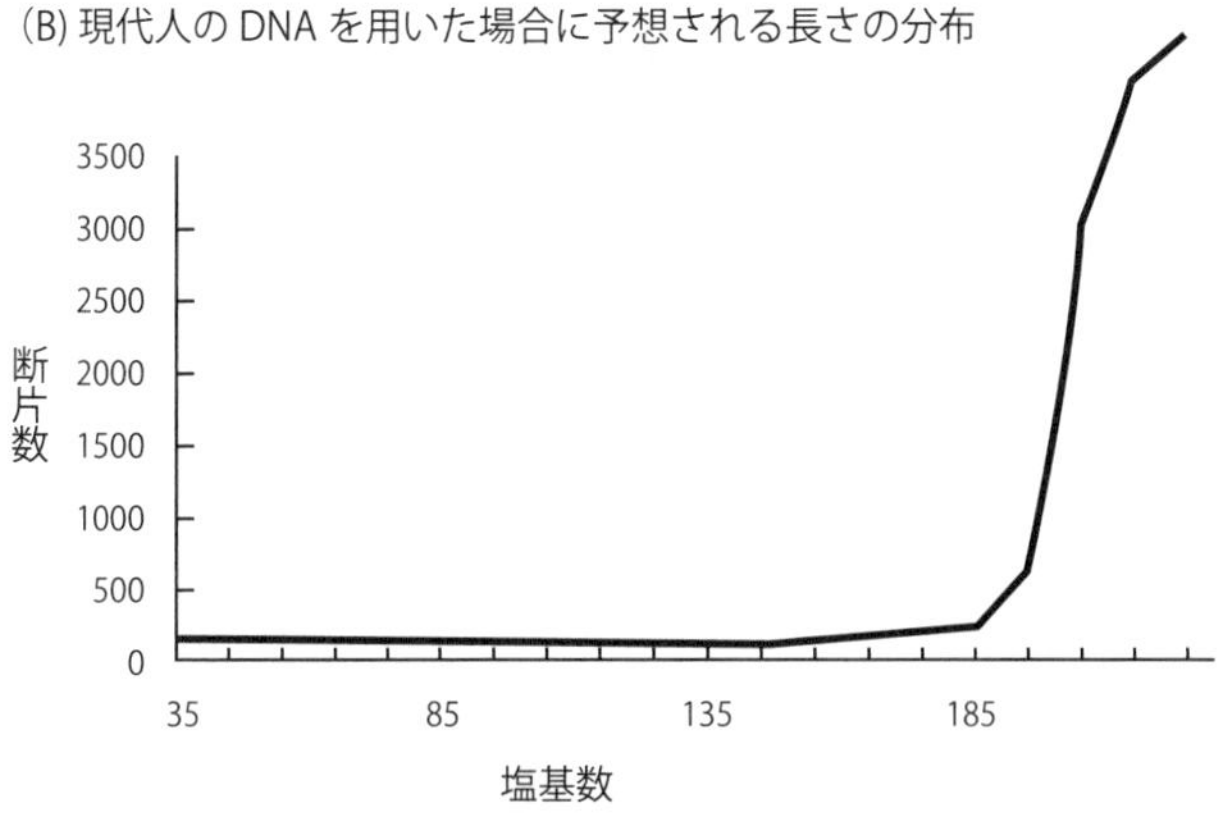

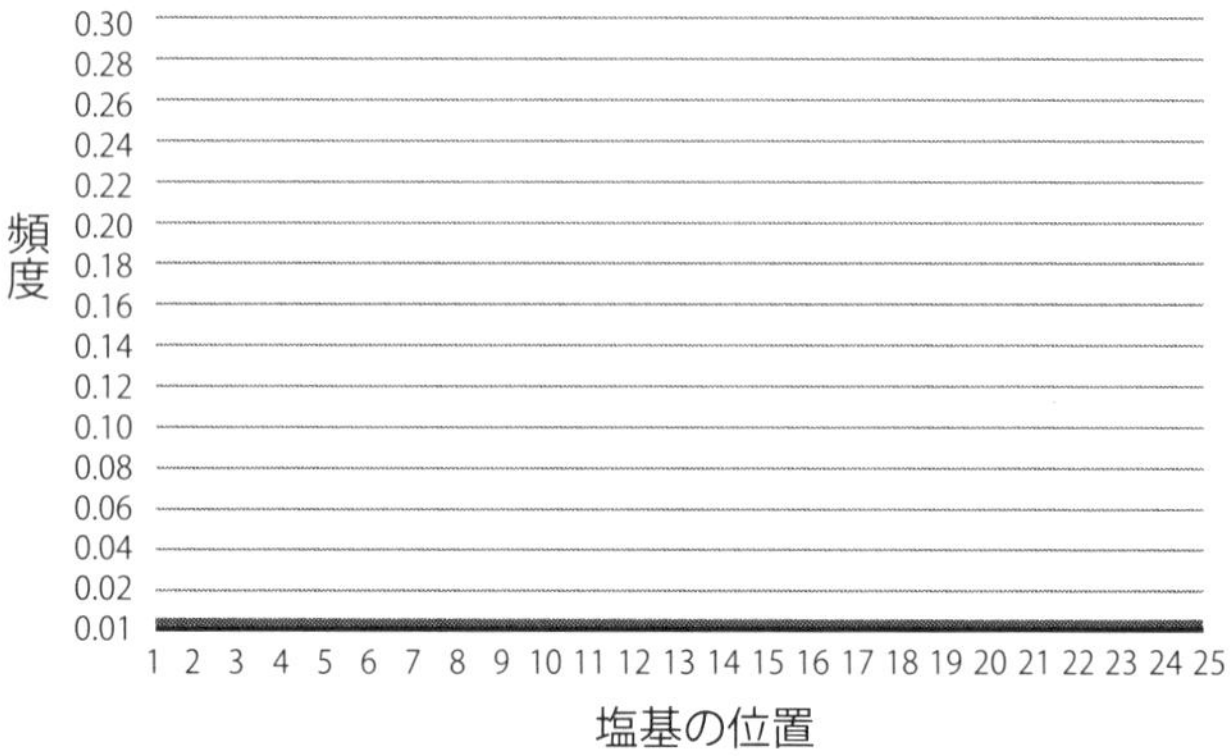

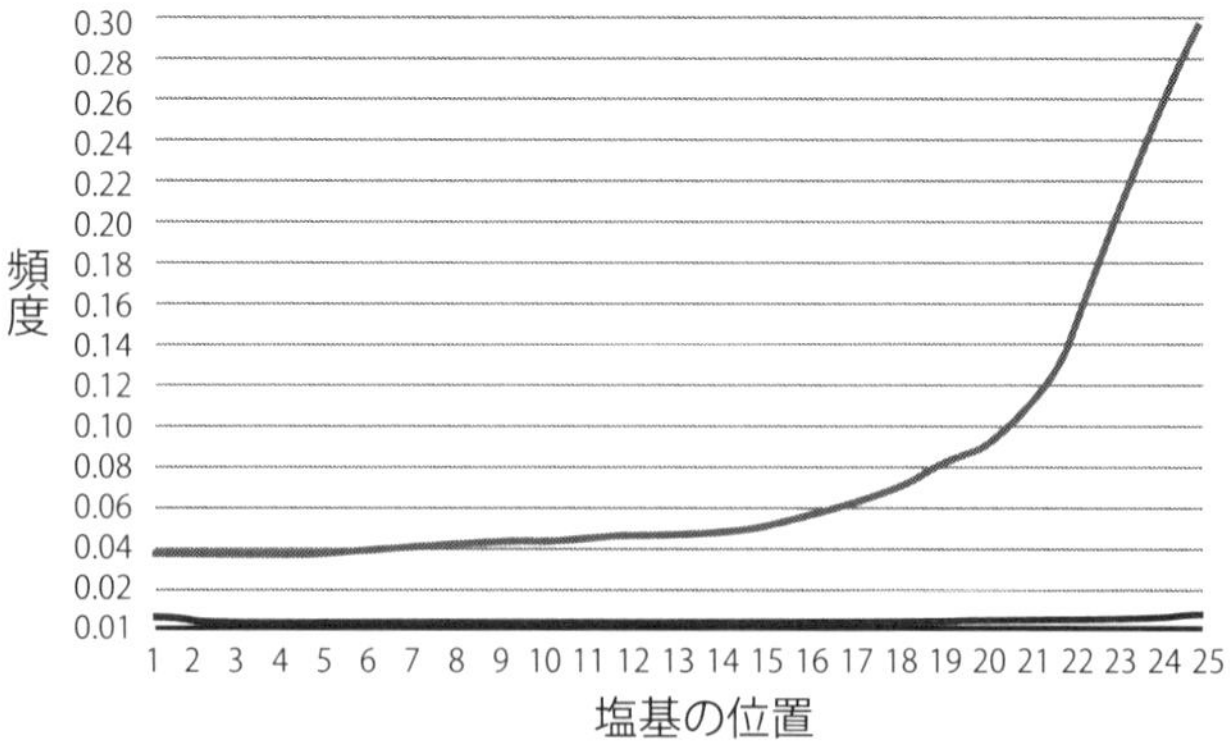

(A)、(B)とも左右にしめしたのは、DNA断片の左端と右端の状況である。基本的には、これらは対照的になることが期待される。

図24：塩基パターンの比較

(A) 現代人のDNAを用いた場合に予想される塩基パターン

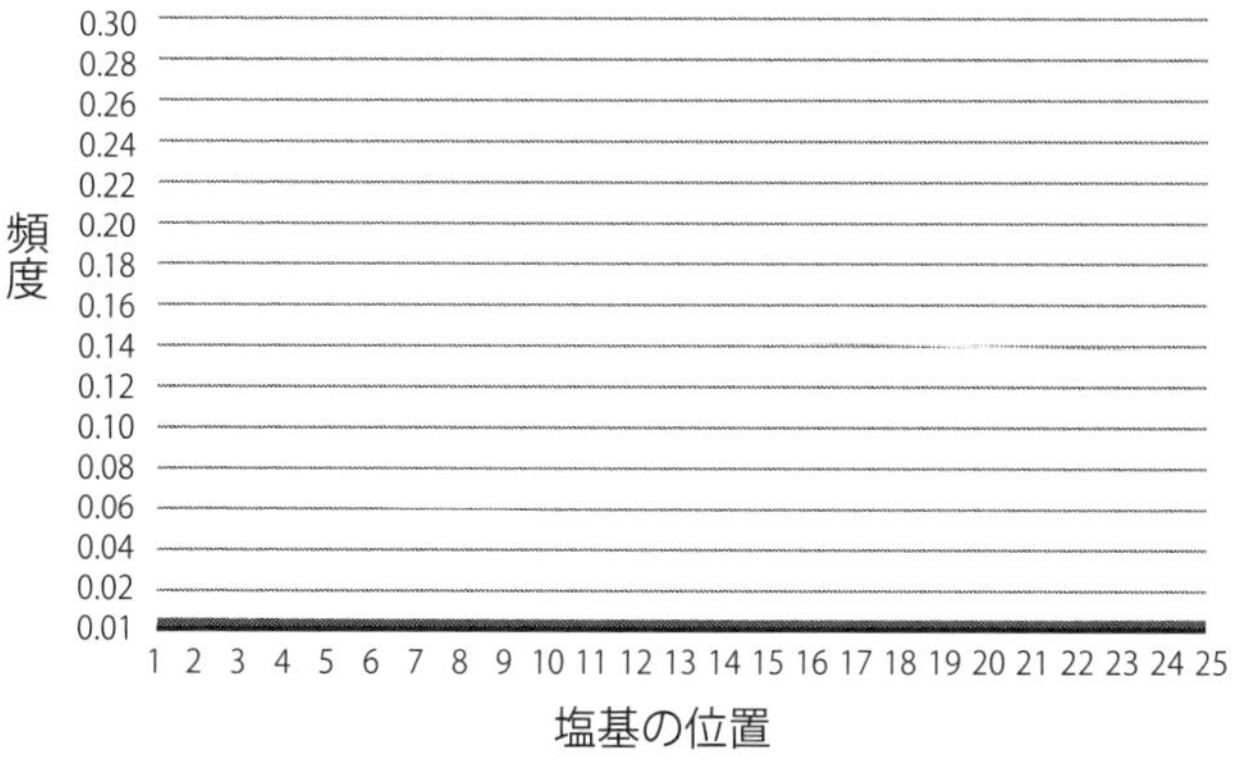

(B) 縄文人の歯由来のヒトDNA配列の塩基パターン

（神澤ら［2016］より）

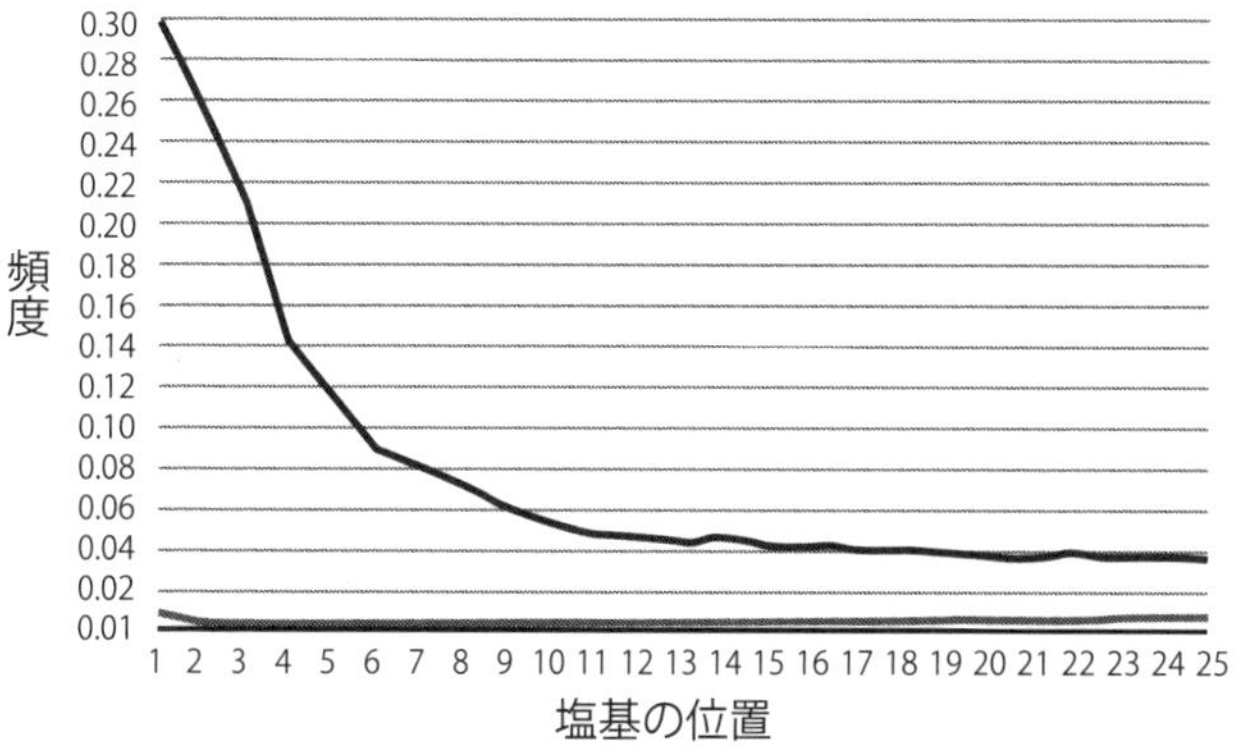

ても長いＤＮＡ分子を５００塩基程度の長さにずたずたにしているのだ。

　この場合、塩基配列のピークは２００塩基以上となり、図23（Ｂ）にしめしたような、図23（Ａ）とはまったく異なる長さの分布になると予想される。したがって、図23（Ａ）に示されている長さ分布のパターンは、死後数千年を経た古代ＤＮＡにふさわしいと考えられるのだ。

　次に、得られたＤＮＡ配列の塩基パターンを調べた。このパターンからも、得られたＤＮＡ配列の大部分が古代ＤＮＡかどうかを判定することができる。古代ＤＮＡであれば、死後長い時間が経つあいだに、一部のシトシン（Ｃ）のアミノ基が脱落して、ウラシル（Ｕ）という別の塩基にかわり、それをＰＣＲ法で増幅すると、ウラシルと相補となるアデニン（Ａ）が結合するので、結局それと相補的に結合するサイミン（Ｔ）に変化することが知られている。

　そこで、ヒト由来とされた塩基配列をそれに対応するヒトゲノム（現代人）の配列と比較したときには、古代ＤＮＡであれば、現代人のＣのところがＴに変化している割合が高まるはずである。

図24（Ａ）でしめしたように、現代人から得られた塩基配列だったら、Ａ、Ｃ、Ｇ、Ｔとも違いがほとんどなく、ゼロに近いところにとどまるはずだ。ところが、三貫地貝塚から発掘された縄文人の歯由来

図25：縄文人ゲノムと比較に用いた集団の居住地（神澤ら［2016］より）

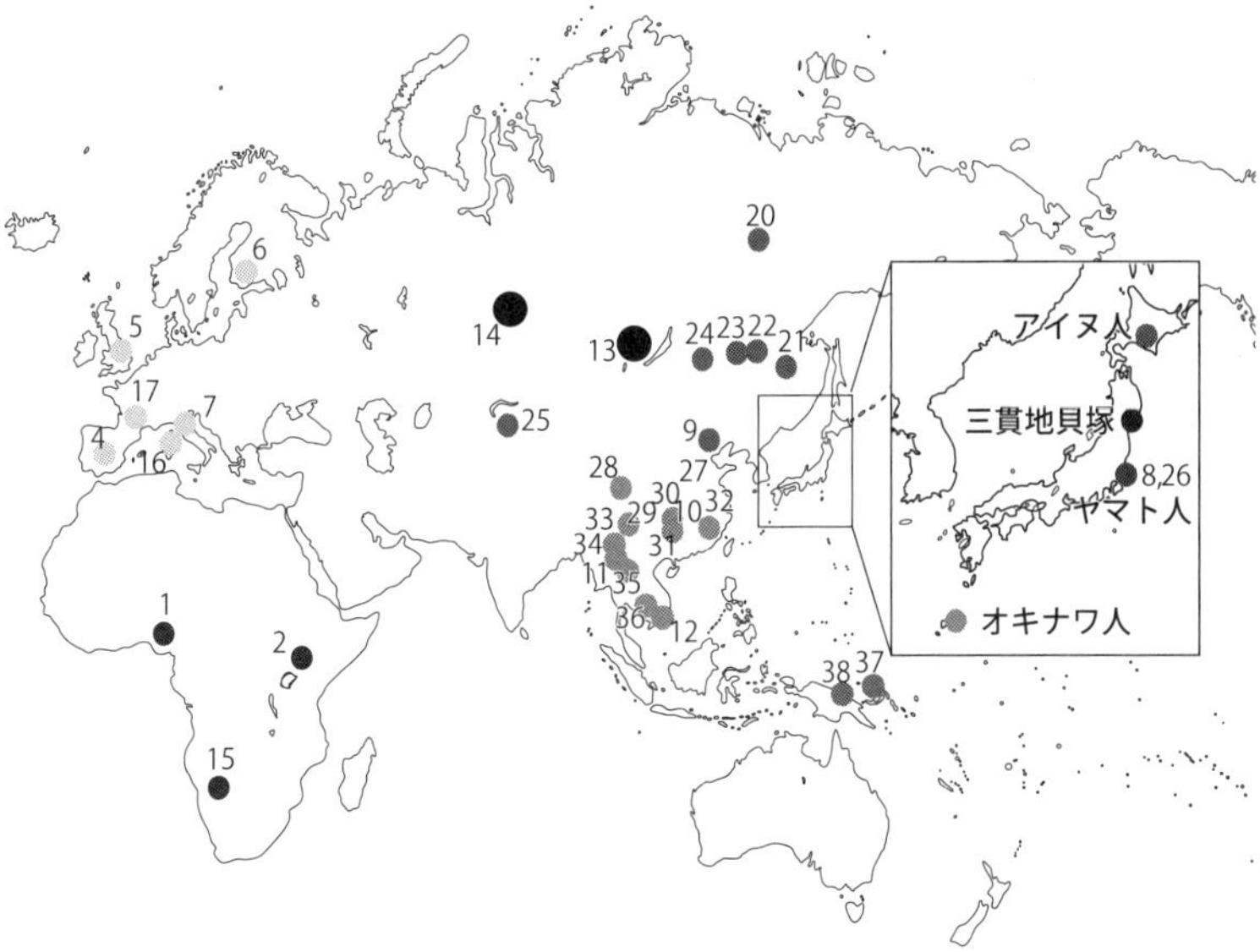

この図の番号がついた集団については100〜108ページを参照されたい

のヒトDNA配列の塩基パターン〈図24（B）〉では、Tのみ、ずれがあった。しかもそのずれは次世代シークエンサーのうみだした塩基配列の最初の部分が高く、その後低くなっていった。これは、古代DNAで予想されるパターンである。

この他にも、古代DNAでは短くなったDNAの両末端がプリン（アデニンAまたはグアニンG）の場合には、これら塩基が脱落する傾向があることを確かめたり、ミトコンドリアDNAの塩基配列が1個体（すなわち縄文人）由来であることをチェックしたりした。

配列決定した3サンプルのうち、1サンプルではミトコンドリアDNAの配列

図26：縄文人と他の人類集団ゲノムデータとの遺伝的近縁関係（神澤ら［2016］より）

が複数発見される割合が高かったので、現代人のＤＮＡが混入していると考えて、以下の解析からでは使わなかった。

なお、ミトコンドリアＤＮＡの塩基配列決定については、論文をある雑誌に投稿したところ、査読者から追加実験をするように助言されたので、金沢大学医学部の田嶋敦教授と、すでに田嶋研究室に、三島から金沢に移っていた細道《ほそみち》一善《かずよし》准教授の協力を得て、塩基配列結果を得ている。こうして、いよいよ他の人間のデータとの比較をおこなったのである。

三貫地縄文人の核ゲノムDNA配列と他のデータとの比較

ヒトゲノムの塩基配列が２００３年に決定されたときには、もちろん1ゲノムだけだった。その後すぐに両親から2セットのゲノムを受け継いだ個人ゲノムの配列決定が始まり、一方では数百人規模の塩基配列をどんどん決定して、ヒトゲノムのＤＮＡ多様性を大規模に調べたハップマップ計画の成果が２００５年に公表された。ここには、日本の東京在住者（ＪＰＴ）も含まれていた。

それから7年後の2012年には、世界の多数集団1000人余のゲノム配列が決定された。三貫地縄文人のゲノムも、まずこれら1000人ゲノムのデータと、6万8542個のSNP座位（個人間でDNAの差があるゲノム上の位置、巻末付録も参照されたい）において比較された。比較に使った集団の居住地を図25にしめした。アフリカ、西ユーラシア、東ユーラシア、オセアニア、南北アメリカ大陸と、世界のひろい地域のデータを比較している。特に東ユーラシアについては、ゲノムデータではないが、全ゲノム規模のSNPデータが多数の人類集団から得られており、それらをのちに比較に用いている。

主成分分析法を用いた結果を図26にしめしてある。主成分分析法は、膨大なデータから全体の特徴をもっともあらわすパターンを第一主成分と第二主成分という、多様性の異なる要素を抽出して平面でしめしたものである。

ミトコンドリアDNAの場合には、比較する単位は集団だったが、ここでは個人個人が単位となっている。本書の1章で論じたように、ひとりのゲノムDNAは、数千人の祖先のDNA

図27：縄文人と現代東ユーラシア集団ゲノムデータとの遺伝的近縁関係（神澤ら［2016］より）

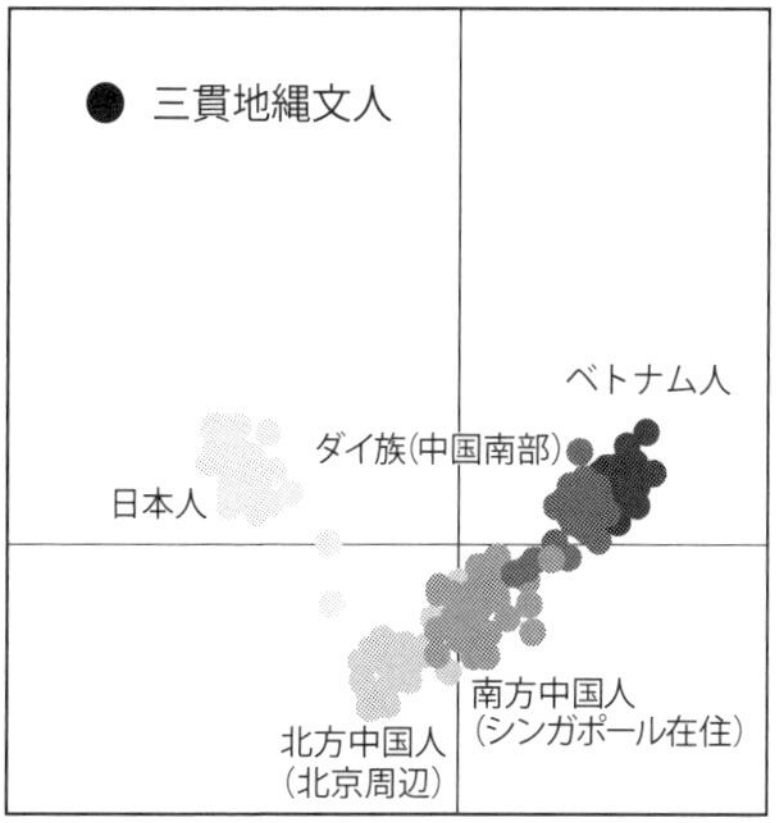

のあつまりから構成されているので、1個体のDNA配列だけで、祖先から受け継いだ遺伝情報をたくさん含んでいるのだ。第一主成分という、ゲノムの多様性をもっとも明確に左右の軸でしめした結果は、左にアフリカ人集団（図25の集団1と2の2集団で代表させている）、右にその他の出アフリカ集団が位置している。次の第二主成分は上下の軸だが、ユーラシアの東と西の人類集団が分離している。そして三貫地縄文人は、あきらかに東ユーラシア人に近くなっている。

興味深いことに、三貫地縄文人は、アフリカ人、東ユーラシア人、西ユーラシア人（図25の集団4〜7の集団で代表させている）で構成される三角形の内側に位置する。これは、縄文人が古い系統であることを示唆する結果であり、あとの系統樹解析でまさにそのことがしめされたのである。

縄文人の位置の特異性

三貫地縄文人がもっとも近縁であった東ユーラシアの現代人5集団（図25の集団8〜12）だけをとりだして、もう一度主成分分析をおこなった。今度は4万6168個のSNP座位のデータが比較できたが、その結果を図27にしめした。

北方中国人（北京の漢族）、南方中国人（中国系シンガポール人）、ベトナム人、ダイ族（中国雲南省の少数民族）がこの順でななめに分布している一方、東京の日本人はこれら大陸の集団からすこし左上に離れて位置している。そして三貫地縄文人は現代日本人からぐっと離れたところにある。

別の言葉でいえば、現代日本人は縄文人と東ユーラシア大陸人との中間に位置していることになる。なお、現代日本人のうち、2個体が北方中国人の固まりに近いところに位置しているが、これらの人は遺伝的にはより大陸の人々に近いことがわかっている。

次に、ゲノム配列データではなく、ゲノム規模SNPデータという、データ量はすくないがもっと多くの集団を三貫地縄文人のゲノムデータと比較した（図28）。比較できたSNP座位は6864個だが、それでも膨大な個人間のDNA差異を比べている。ヒトゲノムの塩基配列が決定される以前には、わずか20ほどの遺伝子座のデータを比較し、しかも集団を単位とした系統樹を描くだけだったのに比べると、隔世《かくせい》の感がある。

それはともかく、まず、DNAの多様性をもっとも明確にしめす第一主成分でみると、左側にカンボジア人やダイ族、ラフ族といった南方の集団（図25の集団29〜36）が、右側にはホジェン族、モンゴル族、オロチョン族、ダウール族といった、北方の集団（図25の集団20〜25）が位置しており、左右の第一主成分は南北の遺伝的勾配《こうばい》をしめしていると考えられる。上下の第二主成分は、上に三貫地縄文人が位置しており、図27と同様に日本人が次に位置している。この上下軸は、より縄文的か否かをしめしているといえよう。

主成分分析の最後の結果は、アイヌ人、ヤマト人（これまで日本人とよんできた東京周辺の人々）、オキナワ人、および北方中国人と三貫地縄文人を比較したものである。5392個のSNP座位が

図28：縄文人と現代東ユーラシア集団SNPデータとの遺伝的近縁関係（神澤ら［2016］より）

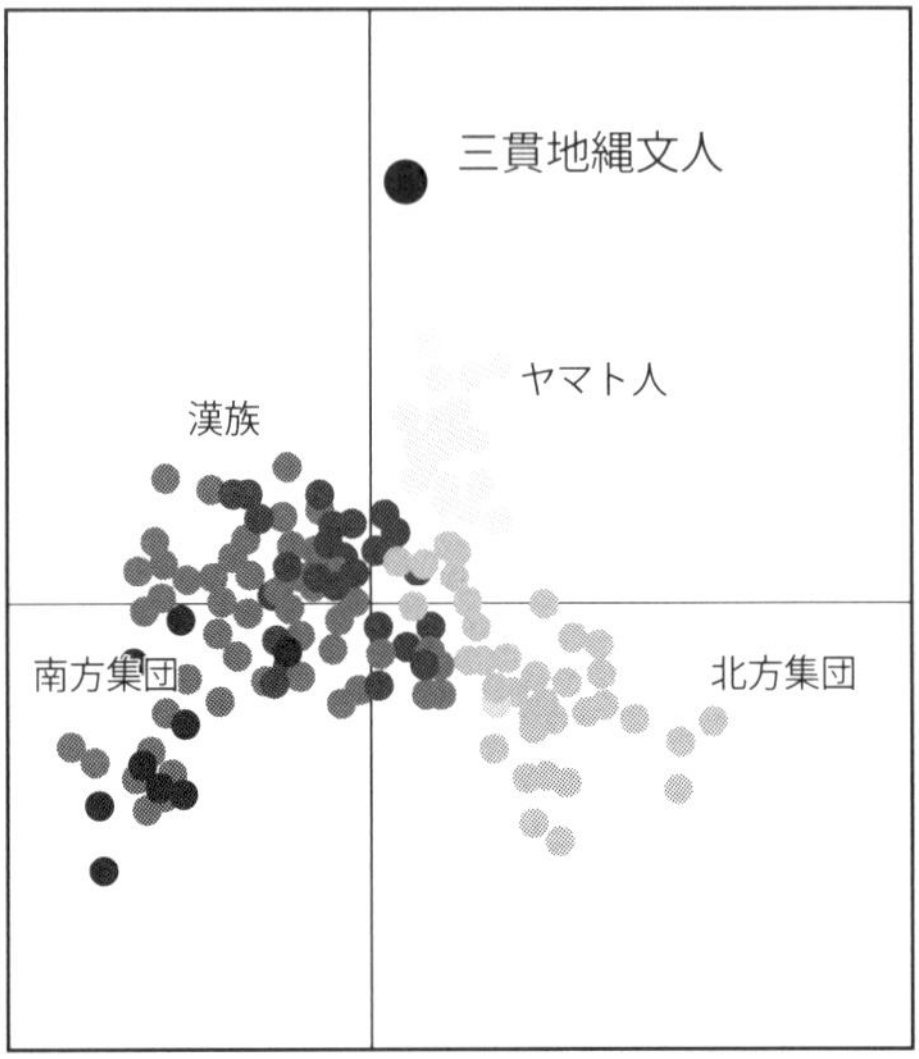

図29：縄文人と現代東アジア集団SNPデータとの遺伝的近縁関係（神澤ら［2016］より）

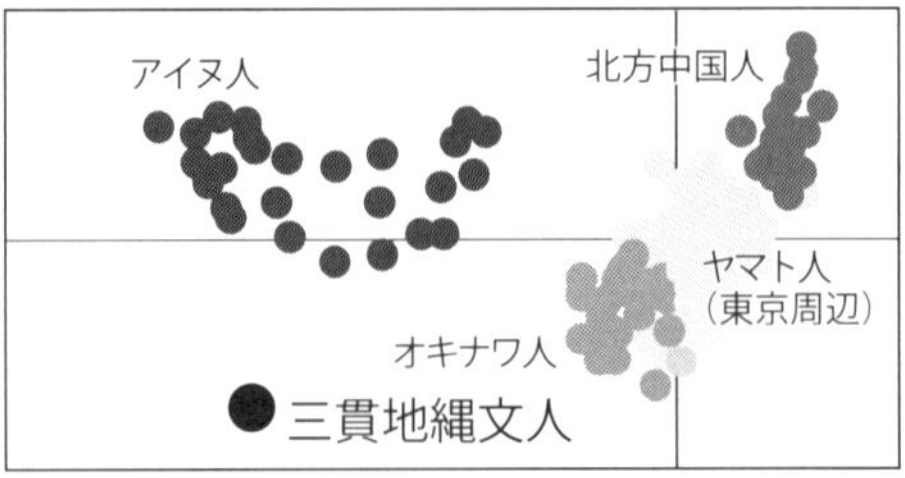

比較されており、結果が図29にしめしてある。

神澤さんがこれらの集団を比較解析していたとき、わたしは次のように予想した。まず、日本列島の3集団のなかで、アイヌ人がもっとも縄文人に近いだろう。しかし、アイヌ人と縄文人は3000年近く年代で離れており、そのあいだにアイヌ人の系統はおそらくより北方の集団と混血をした考えられるので、縄文人とアイヌ人はすこし離れているだろう。

「二重構造モデル」を補完する結果に

神澤さんがみせてくれた主成分分析の結果は、まさにわたしが期待していたものだった。左右の第一主成分は、左に縄文人とアイヌ人が、中央にオキナワ人が位置しており、右側にヤマト人、北方中国人となる。すなわち、左にいくほど縄文的であり、右にいくほど弥生時代以降の渡来系の割合が強くなるというものだ。上下の第二主成分の場合、今度は縄文人とオキナワ人が下方にあり、ヤマト人が中央に、そしてアイヌ人と北方中国人が上方に位置している。

これは、現代アイヌ人が、縄文人から3000年経るまでに、北海道より北部の人々との混血を経ていたことを示唆する。一方で、オキナワ人はアイヌ人が経験した北方の集団との混血はなかったと考えると、第二主成分の位置が縄文人と同じぐらいのところにあることに納得がゆく。

三貫地縄文人と現代人集団とのDNAからみた遠近関係を、「DNAを共通に持つ割合」というわかりやすい尺度を用いて図30で表示した。図27で縄文人ゲノムと比較した4現代人集団を用いると、図30の左側(A)でしめしたように、アイヌ人が縄文人と共通なDNAが68%となって、もっとも高く、オキナワ人、ヤマト人、そして北方中国人とつづく。一番低い北方中国人でも63%の共通性がある。なお、ゲノム全体でみれば人間はおたがいに99%以上が共通だが、ここではゲノム規模S

図30：縄文人とさまざまな現代人とのDNAの共通性（神澤ら［2016］より）

(B) 図28と同じデータ

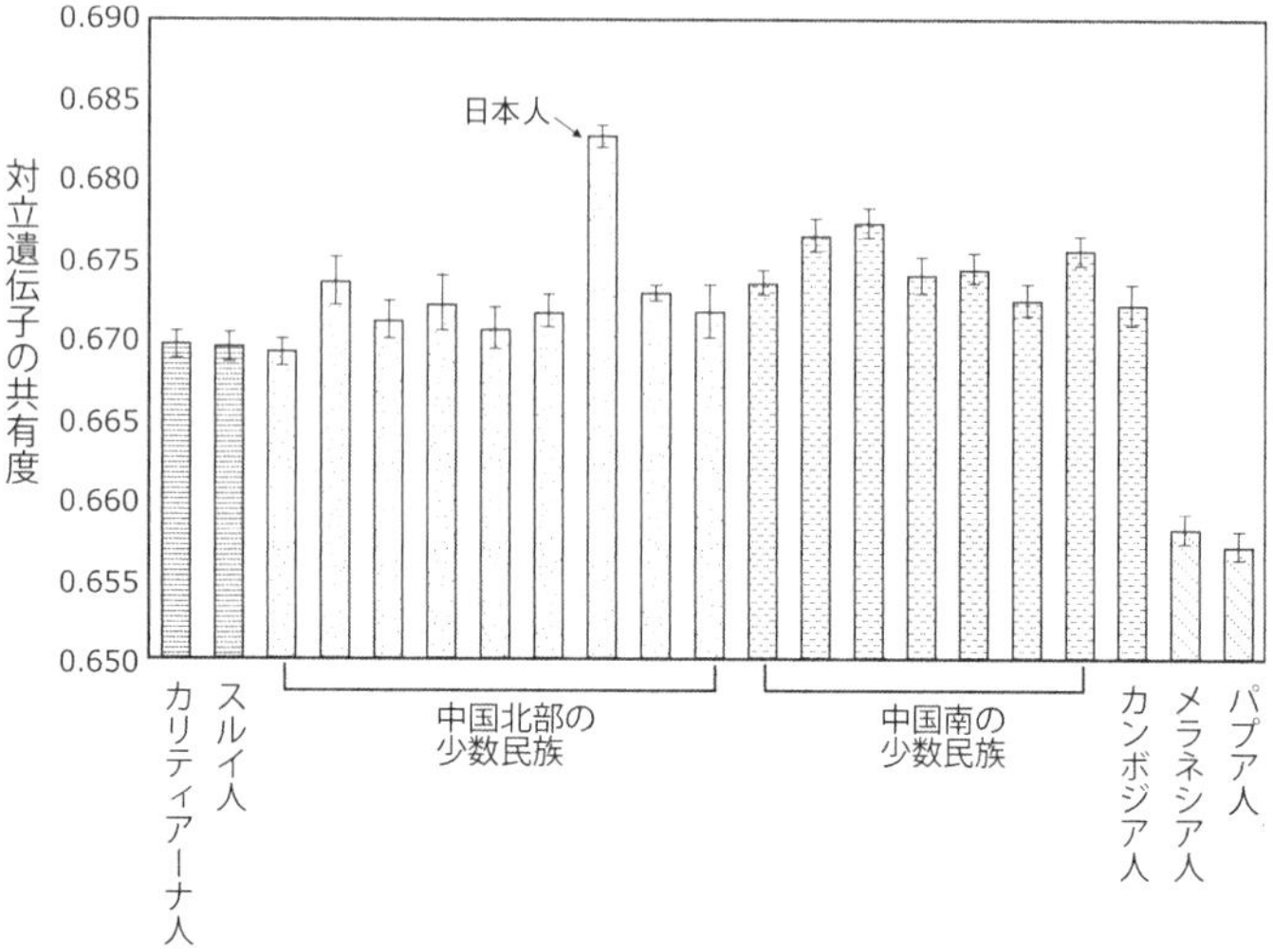

NPデータという、個人間でDNAに差があるところだけを選んで調べているので、このような低い値が得られるのである。

図30の右側(B)は、図28で比較した集団を中心に、別の種類のデータを用いて縄文人と共通なDNAの割合をしめしている。ここでは、縄文人にもっとも近いのは68%あまりの値をしめすヤマト人であり、その他の集団は、一番右のメラネシア人（図25の集団37）とパプアニューギニア人（図25の集団38）以外、どれも67%ほどで、どんぐりの背比べである。これらには、東アジアの南北に分布する集団や東南アジアの集団だけでなく、南米の先住民族（図25の集団18と19）も含まれているのが、興味深い。

図29で比較した5集団のデータを、さらに

別の方法で比較してみよう。今度は集団の系統関係を推定してみた（図31）。わたし自身が米国留学時代の博士課程のときに考案した近隣結合法を用いたものだ。すると、三貫地縄文人とアイヌ人が明確にひとつのグループとなり、これら2集団に対して、北方中国人、ヤマト人、オキナワ人が、この順にすこしずつ縄文人とアイヌ人のグループに近づいている。このパター

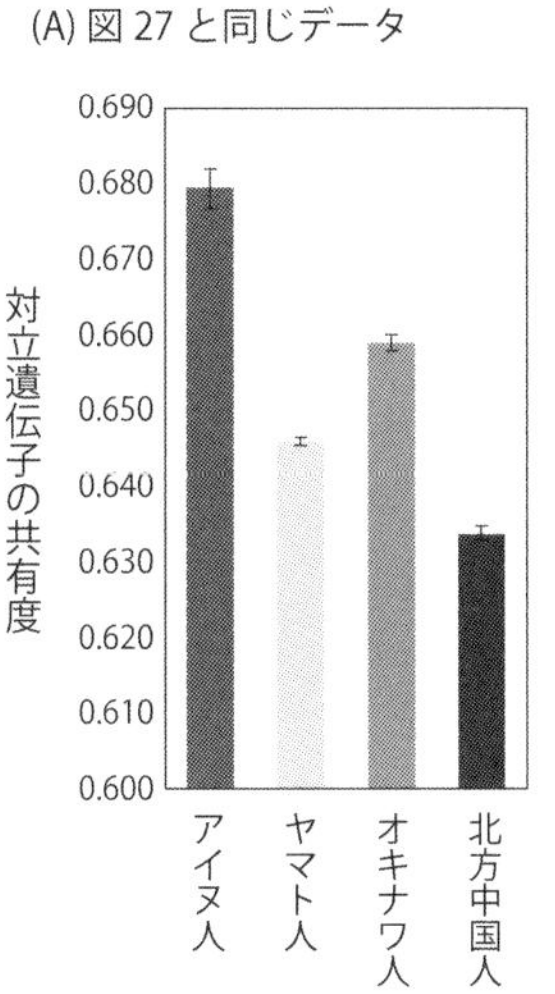

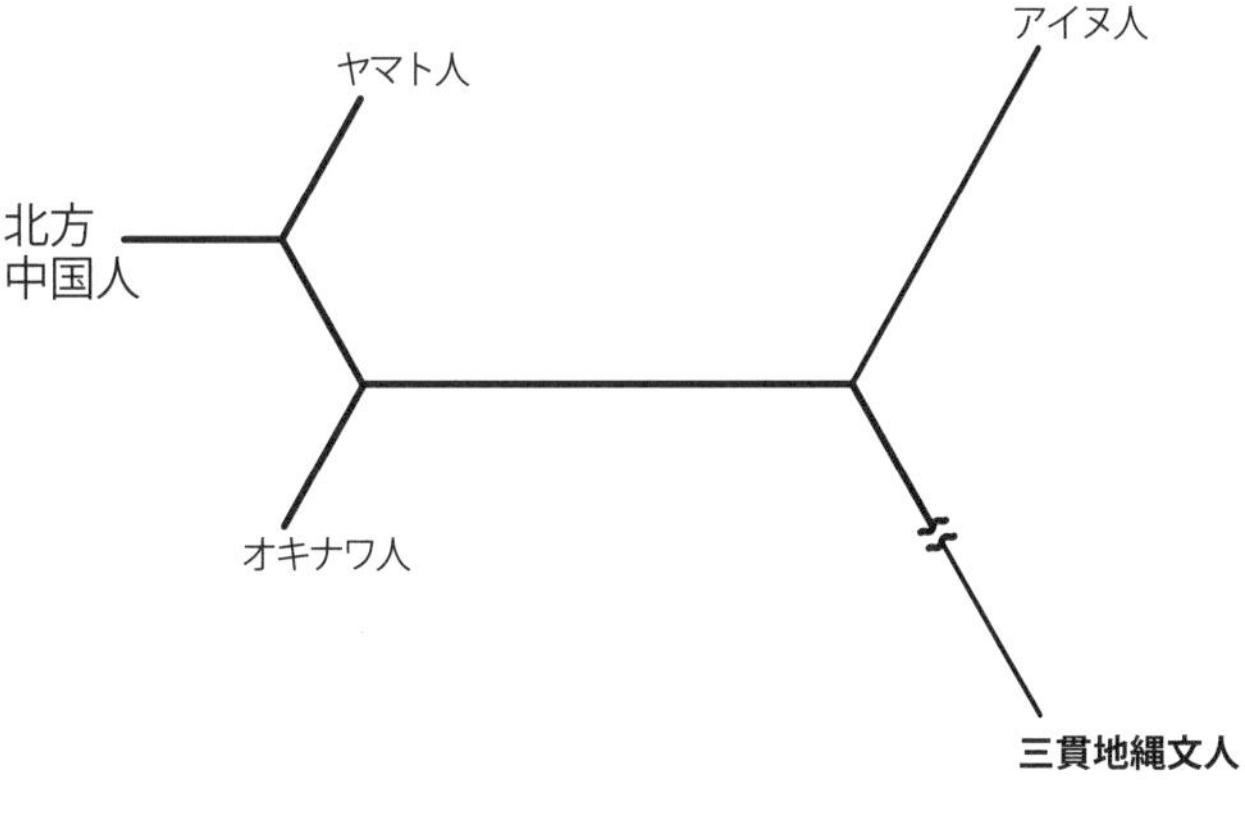

図31：縄文人、アイヌ人、オキナワ人、ヤマト人と北方中国人の系統樹（神澤［2014］より）

ンは、図29や図28左側の結果とみごとに対応している。

近隣結合法は、集団がわかれてゆくだけのパターンを生成し、混血することは推定できない。そこで、膨大なゲノムデータからまず系統樹を作成して、さらにそこから集団間の混血も推定するTreeMixという別の方法を用いたのが図32である。

北方系でも南方系でもなかった縄文人

現代人の共通祖先の位置を明確に推定するために、デニソワ人のゲノムデータも比較にくわえている。現代人がまずアフリカの2集団（図25の集団1と2）とそれ以外の出アフリカを経た集団にわかれている。後者は大きく西と東のグループにわかれる。おもしろいことに、西ユーラシアのグループ（図25の集団4〜7、および17）に系統的に近いのは、シベリア東部のマリタ遺跡（図25の集団13）から出土した人骨であり、シベリア西部のウスチ・イシム遺跡（図25の集団14）出土の人骨は東にわかれたグループと系統的には近くなっている。

シベリアの大地では、昔から人々が東へ、西へと移動をくり返してきたので、これはそれほど驚くべきことではない。

図32：現代人における縄文人の系統的位置（神澤ら［2016］より）

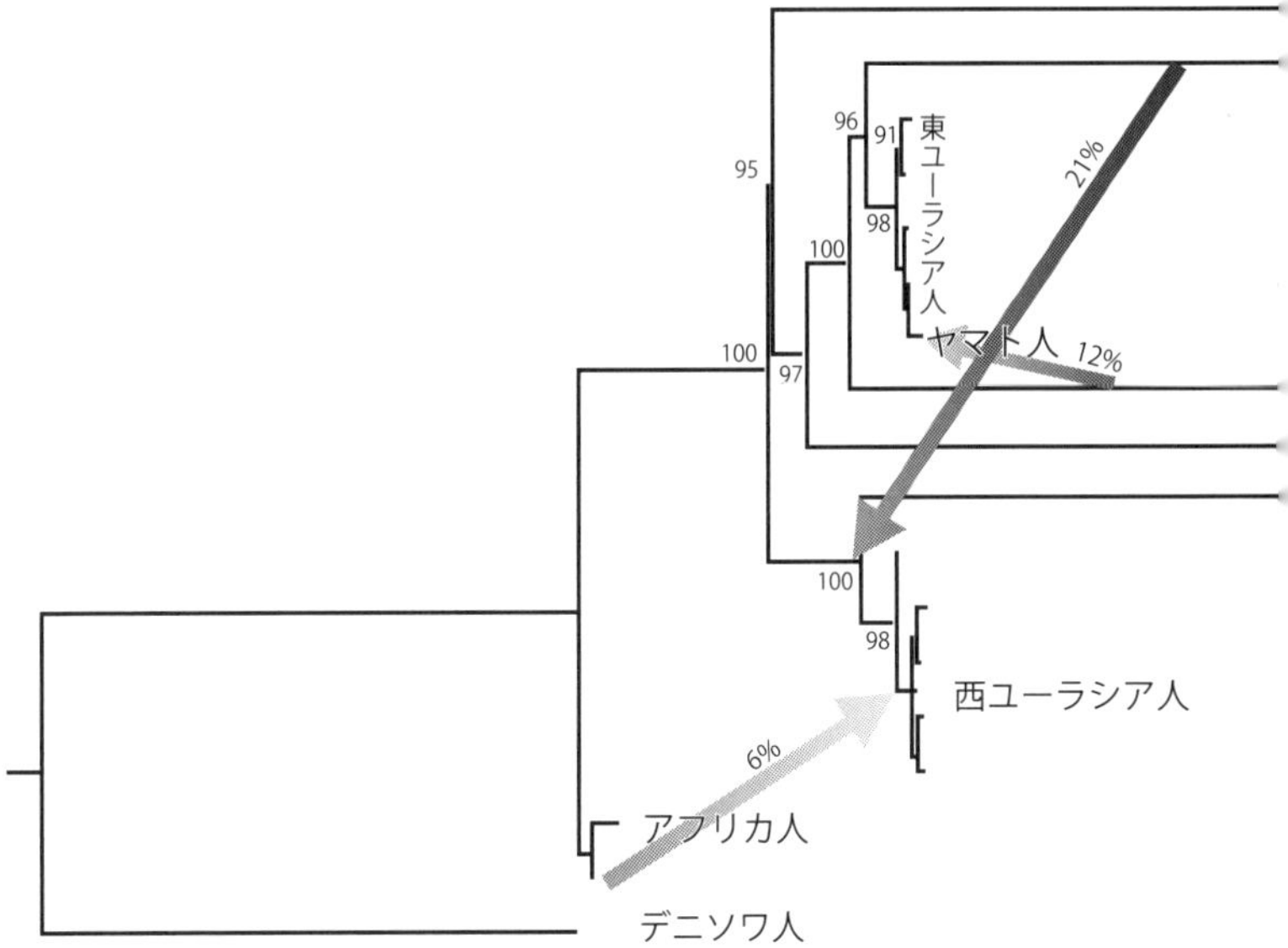

ウスチ・イシム人の系統と分かれた現代人の祖先からは、次にサフール大陸に移動していった人々の子孫であるパプアニューギニア人（図25の集団38）の系統がわかれている。現在オーストラリアに住む先住民アボリジニーの人々やパプアニューギニアの人々のゲノムデータを解析した最近の論文では、この分岐は5万年以上前におこったと推定されている。

いよいよ、その次に分岐しているのが、三貫地縄文人の系統である。この分岐のさらにあとに南米の先住民カリティアーナ人（図25の集団18）が分岐しているが、ユーラシアからアメリカ大陸への移住は1万5000年ほど前だとされているので、縄文人の系統が分岐したのは、1万5000年よりもずっと古いことになる。最後に、東アジアの5集団（図25の集団8〜12）が分岐してゆくというパターンである。

以前から、人骨の形態学的研究で縄文時代人の特異性がいろいろ議論されてきたが、ゲノムDNAの塩基配列を解析することにより、縄文時代人の祖先は、東アジアだけでなく、アフリカを出てユーラシア、さらにはオセアニアや南北アメリカ大陸に拡散していった現代人の祖先のなかでも、きわめて特異的な集団であったようだ。

わたしは、この研究を紹介したあるテレビ番組において、この状態を「縄文人の祖先さがしが振り出しにもどってしまった」と表現した。なぜなら、これまで縄文人は北方系か、南方系かといった議論が多くされていたのに、そのどちらでもなかったからだ。なお、この系統樹のパターンは、図30で示した、縄文人との遺伝的近さがどんぐりのせいくらべだった集団が、まさに東ユーラシアと南米の集団であり、サフール大陸に移動した人々は縄文人からもっと縁遠い関係だったことに対応している。

次に、混血のパターンについてみてみよう。図32の系統樹上に3個の矢印があるが、これらが混血である。ケニア人（図25の集団2）からヨーロッパ人の祖先のところにひとつ矢印があるが、ヨーロッパは地中海をへだててアフリカの北にあるので、この混血が生じたことは考えられる。

一方、南米の先住民（図25の集団18）から西ユーラシア人の祖先に矢印があるが、方向は逆かもしれない。TreeMix法では、系統樹については信頼できるが、混血の方向については、ときどき首をかしげたくなる結果になるからだ。また、南北アメリカの先住民が、おそらくベーリンジアを渡る前に西ユーラシア人の祖先と混血したのではないかと論じている論文が最近発表されている。混血の三番目が、縄文人からヤマト人へのものであり、12％という推定値になっている。これは過去の系統から現代の日本列島人への混血であり、時間の前後関係も問題ない。

現代日本人の、縄文人と弥生人の比率は

日本列島人形成に関する二重構造モデルでは、現代のヤマト人（日本列島中央部に居住する人々）が、土着の縄文人と、弥生時代以降に大陸から渡来した人々との混血であるとした。これら2種類の集団の混血の割合については、わたしたちの研究グループが、この縄文人ゲノムの論文が発表される1年前に、現代人のゲノム規模ＳＮＰデータを用いて、縄文人のゲノムが伝わった割合を、14～20％と推定している。

幅があるのは、いろいろな組み合わせの現代人集団のデータを使ったためである。同じデータを用いて、すこし異なるモデルを仮定して、まったく別の統計手法を用いた中込らが２０１５年に発表した論文では、ヤマト人における縄文人ゲノムの割合を22～53％と推定した。同じゲノム規模ＳＮＰデータを用いながら、かなり異なる推定値が得られた理由については、5章ですこし議論する。

図33：ヤマト人に伝えられた縄文人ゲノムの割合

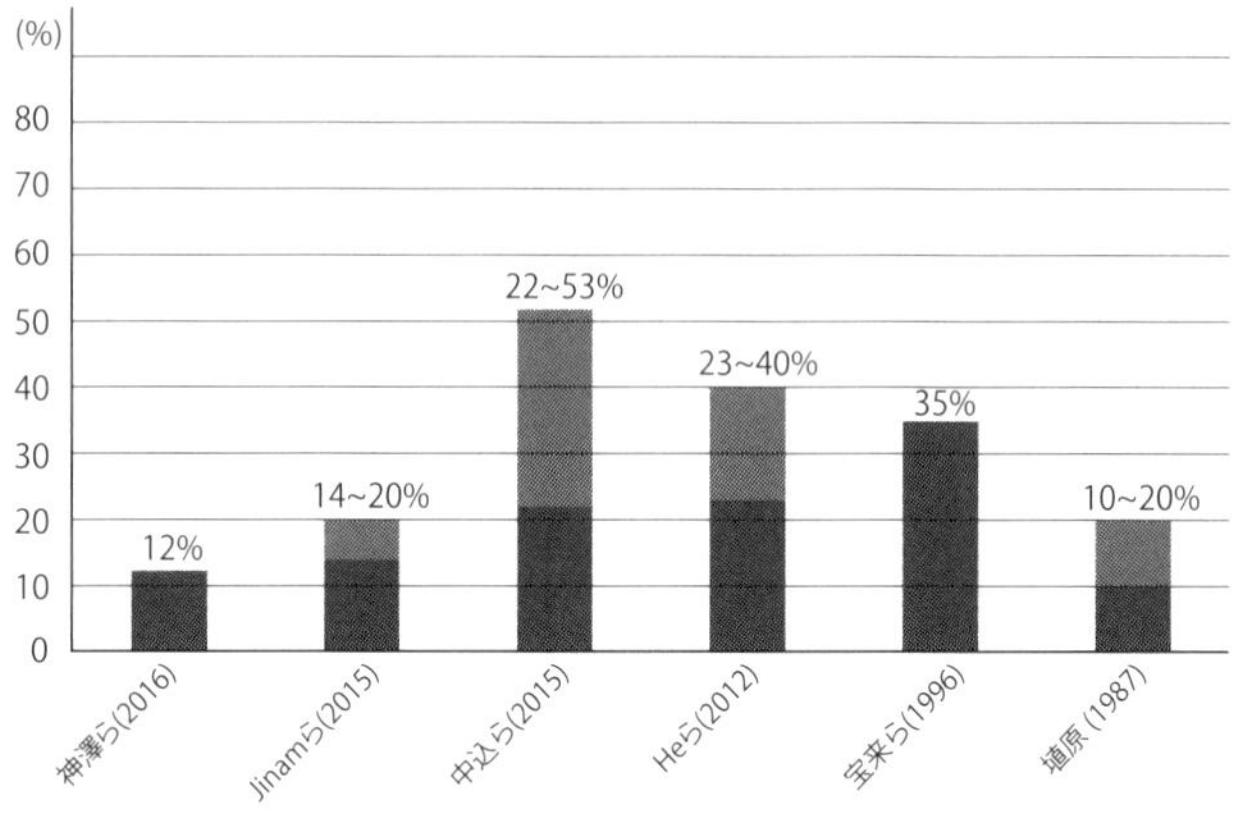

　また、中国の研究グループが、わたしたちがアイヌ人のデータを発表する前に、ヤマト人と北方中国人の違いをすべて縄文系由来と仮定して推定した割合は、23〜40％だった。さらに、ミトコンドリアＤＮＡの頻度データのみから、宝来らが１９９６年に35％という割合を発表している。このように、縄文人そのもののゲノムデータが得られる前には、現代ヤマト人に伝えられた縄文人ＤＮＡの割合は、高めに推定される傾向にあった。

　ＤＮＡデータとはまったく量も質も異なるものだが、骨の形態は縄文人そのものを現代人と比較することができる。埴原和郎が１９８７年に発表した論文では、そのような比較により、縄文系：弥生以降渡来系を１：９あるいは２：８と推定している。パーセントになおすと、10〜20％であり、今回神澤らの論文でわたしたちが推定した結果ともっとも近くなっているのは、興味深い。もっとも、この埴原の論文は、大量の渡来人がヤポネシアに押しよせたという推定値も発表している。こちらについては、ヤマト人をあつかう次章で論じる。

三貫地貝塚出土の縄文人ゲノム配列を、現代日本列島に居住するアイヌ人、ヤマト人、オキナワ人と比較すると、縄文人はアイヌ人ともっとも近い関係になっていた。両者が近い関係にあることは、すでに人骨の研究で示されていたので、核DNAの研究がそれを遺伝情報から確認したといえるだろう。これらの結果は、ヒトゲノムのなかの4%程度の塩基配列を解析して得られたものだが、それでも32億塩基からなるヒトゲノムを考えれば、1億個以上という膨大な数になる。

ところが、縄文人ゲノムについては、現在、次々にそのDNA配列が決定されつつあるのだ。国立科学博物館の篠田謙一副館長は、共同研究者である山梨大学医学部の安達登教授とともに、いろいろな縄文人試

図34：縄文人ゲノムが部分的に決定された遺跡の位置

料から抽出したＤＮＡからミトコンドリアＤＮＡのハプロタイプをこれまで大量の縄文人から決定してきた。

神澤さんが三貫地貝塚の縄文人から、少量とはいえゲノムＤＮＡの配列に決定したことを知った彼らは、これらのＤＮＡのなかでも特に状態のよいものを神澤さんに渡し、ゲノムＤＮＡの塩基配列が決定された。それらには、縄文時代中期の青森県尻労《しつかり》安部《あべ》遺跡から出土した人骨（約４０００年前）、縄文時代前期、長野県湯倉《ゆぐら》遺跡出土人骨（約８０００年前）、およびその他の遺跡から出土したサンプルが用いられた（図34）。その結果、尻労安部遺跡と湯倉遺跡の縄文人ゲノムＤＮＡは、三貫地貝塚出土縄文人と似た傾向をしめした。

篠田（２０１５）『日本人起源論』の図9-5には、神澤さんが２０１４年に発表した博士論文の図4-6をもとにした主成分分析の結果が掲載されている。これら2遺跡の人骨は、４０００年ほど時代が離れており、しかも本州の北端と中央部という、地理的にもはなれているにもかかわらず、おたがいが似た位置にある。

同じような解析をした結果である本書の図29では、第一主成分の位置が縄文人よりももっと左、つまり縄文人よりもっと縄文的にみえるアイヌ人個体が何人かいたが、今度は三貫地縄文人のデータよりもずっと多くのＳＮＰを比較することができたためか、ふたりの縄文人は第一主成分の軸において、アイヌ人よりももっと左という、期待された位置にあった。

しかし、第二主成分では、三貫地縄文人と同じくアイヌ人よりも下に位置しており、オキナワ人に近づいている。したがって、3か所の縄文人は、時間も地域もかなり異なってはいるものの、けっこうよく似ていることになる。

篠田（2015）『日本人起源論』の図9-6は、尻労安部遺跡の縄文人と現代人多数のあいだの系統樹も示しているが、この縄文人の祖先系統は、比較に使われたオーストロネシア語族、オーストロアジア語族など、現在の東南アジアに分布している集団がわかれる前にこれら全体の共通祖先から分岐しており、これも三貫地縄文人の系統的位置をしめした本書の図32と類似した結果となっている。

日進月歩の「縄文人の源流さがし」

青森県の尻労安部遺跡から出土した人骨から安達登が抽出したDNAは、おどろくほど状態がよく、こんなにいい状態の縄文人ゲノムDNAは今後得ることができないのではないかと、安達自身が語っていたが、最近になって、さらに状態のよいDNAが、北海道礼文島《れぶんとう》の船泊《ふなどまり》遺跡から出土した縄文人骨から得られたことを、日本人類学会の大会で神澤さんが報告している。

ヒトゲノムの80％以上のデータが得られているので、今後詳細に解析すれば、いろいろな表現型についても推定ができるだろう。また、北里大学医学部の太田博樹《ひろき》らの研究グループは、ミトコンドリアＤＮＡハプロタイプの報告がこれまでまったくない西日本の縄文人から核ＤＮＡを抽出して、現在解析を進めている。

東日本の縄文人については、青森県、福島県、長野県の３地域の遺跡出土の人骨のＤＮＡが意外に似かよっていたが、西日本は東日本とどのような関係になっているのだろうか。解析結果が注目される。縄文人ゲノムの研究は、こうしてさらに進展してゆくのである。大きな発見が続々と登場すると思われるので、乞うご期待というところだ。

4章

ヤポネシア人の二重構造

縄文人と弥生人は、いつ、どのように分布したのか

日本列島人成立のこれまでの説

3章で、ヤポネシア人の成立について現在の定説である二重構造モデルについて説明した。ここにいたるまでには、長い研究の歴史がある。江戸時代の後期、1820年代に長崎の出島に滞在したドイツ人のフランツ・フォン・シーボルトは、もともとはアイヌ人の祖先集団が日本列島全体に住んでいたのではないかと想定した。

その後ユーラシアから渡来した新しい人々が、日本列島の中央部と南部に進出し、アイヌ人の祖先は日本列島北部を中心に住むようになったと考えたのである。このように、人類集団が置き換わったとする「置換説」は、明治時代になって人骨の研究をおこなった東京帝国大学医学部の小金井《こがねい》良精《よしきよ》によっても支持された。

1877年に大森貝塚を発見した米国人のエドワード・モース（東京帝国大学理学部で動物学を教えた）は、縄文土器などの発掘結果をもとにして、アイヌ人の祖先とは別の先住民が日本列島にいたと考えた。なぜなら、アイヌ人は土器を使っていなかったからだ。明治時代の日本で人類学の研究を本格的に始めた東京帝国大学理学部の坪井正《しょう》五郎《ごろう》も、モースに似た説を提唱した。アイヌ人とは異なると考えた日本の先住民を、アイヌ文化の民話に登場する、大きなフキの葉の下に住む人にちなんで、坪井はコロポックルとよんだ。

坪井と同じころに活躍した小金井良精は、人骨の形態を当時知られていた技法で調べた結果をもとにして、坪井のコロポックル説を批判した。小金井は、日本列島の先住民の直接の子孫がアイヌ人であり、しかも彼らは、世界の他の人々とは大きく異なっていると主張した。その後現在の日本人の祖先である人々が大陸から渡来し、北海道より南では完全に人間が置換したと考えたのである。2016年にわたしたちが発表した縄文人の核ゲノムDNA配列にもとづく解析結果は、現代のヤマト人に伝えられた縄文人DNAの割合が12％しかなかったので、ある意味で小金井説に近いものだった。

ヤポネシア人の成立過程において、混血が生じたとする考えを「混血説」とよぶ。1876年に来日し、東京帝国大学で20年以上にわたって医学を教えたドイツの医師エルヴィン・ベルツは、アイヌ人が日本列島北部を中心に分布した先住民族であると考えた。

日本人の成立についてベルツは三段階の移住仮説を提唱した。第1段階の渡来民は現在のアイヌ人の祖先、第2段階の渡来民は、華北や朝鮮半島の人々（長州型）、第3段階の渡来民は、マレー民族に似た南方系の人々（薩摩型）である。現代の日本人は、これら3種類の渡来民の子孫の混血であるとした。長州と薩摩は、現在の山口県と鹿児島県にあたるが、ベルツが日本にいた当時は、これら薩長出身の人々が政治や軍事を牛耳っていたので、そのような名称を使ったのだろう。

彼はまた、1911年に発表したドイツ語の論文で、アイヌ人とオキナワ人（琉球人）の共通性を指摘している。これはのちに日本人の二重構造モデルに大きな影響をあたえた。本章で紹介する、2012年に論文として発表したわたしたちのDNAデータ解析によって、ベルツの「アイヌ琉球同系説」は最終的に証明された。

ベルツとほぼ似かよった考え方を、東京帝国大学理学部（のちに國學院大學・上智大学）の鳥居《とりい》龍蔵《りゅうぞう》がとなえている。鳥居は坪井正五郎に師事して、若いころから東アジアを中心に野外調査を精力的におこなった。鳥居も若い時代には「固有日本人説」として知られる、置換説とみなされる考え方を持っていたが、その後、以下のような多重渡来説を提唱した。

日本列島に最初に渡来したのはアイヌ人の祖先集団であり、縄文文化の担い手だった。次に朝鮮半島などの大陸から別系統の集団が渡来し、弥生文化や古墳文化をうみだした。これら渡来人の子孫が現代日本人の主要部分（本書の用語でいえばヤマト人）であり、それ以外にも、東南アジアなどいろいろな地域からの渡来人が混血して現代日本人になったとした。残念ながら鳥居は民族学・考古学の分野での業績が中心であるためか、彼の日本人形成論は、骨形態の研究者からはあまり注目されてこなかった。

縄文人にもふたつの系統がある？

京都帝国大学医学部の清野謙次《きよのけんじ》は、1920年代を中心として遺跡からの人骨発掘にとりくんだ。

現在でも西日本の代表的な縄文時代人骨として知られる岡山県の津雲《つくも》貝塚遺跡や、愛知県の吉胡《よしご》貝塚から多数の人骨を発掘した。これらの人骨のうち、集団の違いが大きいと考えられる頭蓋骨《とうがいこつ》の形態に着目して解析した。

清野らが頭蓋骨形態を比較して発表した津雲貝塚人（J）、アイヌ人（A）、現代畿内人（M）、3集団間の「平均型差」（形態データにもとづく集団間のユークリッド距離）の比較から、大きく異なっていると考えられるアイヌ人と現代日本人の距離がもっとも小さいのだから、縄文人（当時は石器時代人とよんだ）はアイヌ人とも現代日本人とも異なると結論した。

平均型差から推定した無根系統樹（共通祖先の位置を示す根のない系統樹）を図35（A）にしめした。たしかに、津雲縄文人に伸びる枝の長さ（57）がもっとも長い。清野らはさらに古墳時代の人骨も収集解析し、彼らが縄文人と現代日本人の中間にくるとした。これらの結果から、清野謙次は骨のデータからはじめて混血説をとなえたことで著名である。

札幌医科大学の松村博文（2007）は、歯の非計測的形質にもとづいて、これら3集団の形態学的距離（スミスの距離）を推定した。頭蓋計測値と歯の非計測的特徴という、異なる指標を使っているが、アイヌ人と現代日本人との距離がもっとも小さく、津雲貝塚出土の縄文人と現代人との距離がもっとも大きいという点では同一であるのが、興味深い。

図35（B）に、歯のデータにもとづく3個の距離から推定した無根系統樹をしめした。三角不等

図35：津雲縄文人、アイヌ人、現代畿内人3集団間の形態上の違いにもとづく無根系統樹

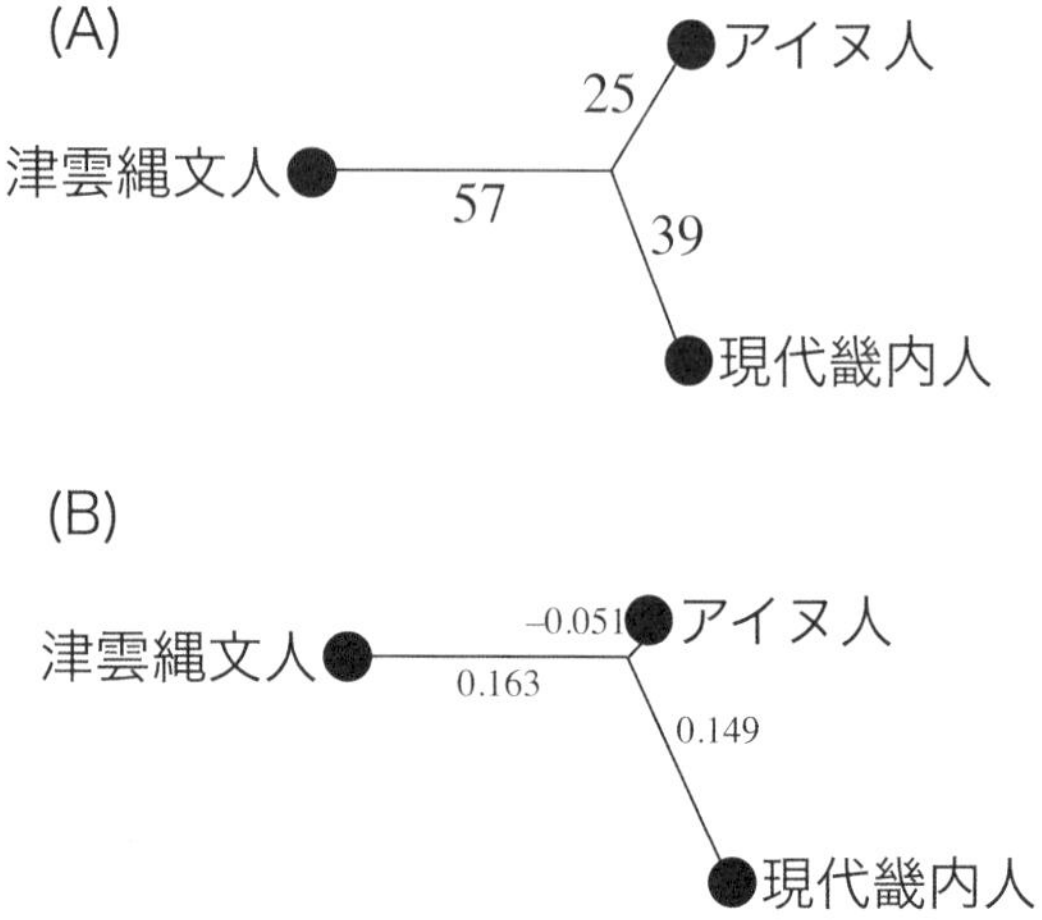

（A）清野らによる頭蓋骨形態のデータより
（B）松村博文（2007）による歯の非計測的形質のデータより

式を満たしていないので、アイヌ人から伸びるはずの枝の長さがマイナスになっている。この結果は、東日本と西日本では縄文人が系統的にすこし異なっていた可能性を示唆している。いずれにせよ、清野らの結果と松村の結果のどちらも、津雲貝塚出土の縄文人と現代のアイヌ人のあいだに大きな違いがあることをしめしている。将来、西日本の遺跡から出土した縄文人のゲノムが解析されれば、東西の縄文人と現代ヤポネシア人との関係が明確になるだろう。

「置換説」と「変形説」の狭間

混血説は、第二次世界大戦後に多くの人骨が発見され、さらに新しい手法によって研究が進んだことにより、現在では確立し

ている。九州大学医学部の金関丈夫《かなせきたけお》らは、１９５０年代に九州北部や山口県で次々に弥生時代の人骨を発見し、これら弥生人の推定身長が縄文人よりずっと高いことや、頭蓋骨の形態が縄文人と明らかに異なっていることから、水田稲作を伝えた渡来人と土着の日本列島人との混血があったと主張した。

ただし、長崎大学医学部の内藤芳篤《よしあつ》らは、弥生時代になっても縄文人とよく似た形態の人骨を持った人々が九州西北部にいたことを明らかにした。その後、札幌医科大学（のちに東北大学医学部）の百々《どど》幸雄《ゆきお》らが、形態小変異という遺伝性が高いと考えられる人骨の形質を調べた結果、縄文時代人とアイヌ人が近い関係にある一方、現代本土日本人が大陸の人々と近かった。形態学研究において、混血説に決定的な根拠が与えられたといえよう。

日本列島人の起源に関するもうひとつの考え方に「変形説」がある。最初の渡来民の子孫が小進化を経て現在の日本人となったものであり、過去と現在の時代差は、同一集団の変化にすぎないと考える。東京大学理学部の長谷部言人《はせべことんど》や鈴木尚《ひさし》がとなえた。

しかし変形説にはアイヌ人やオキナワ人が考察にくわえられておらず、またその後の研究から複数の渡来の波があったことが明確になったため、現在では否定されている。斎藤（２０１７）は、『学問をしばるもの』で発表した文章のなかで、変形説を「現在からみると滑稽《こっけい》とすら感じさせられる」とのべた。

図36：ヤポネシア人形成に関する
置換説・混血説・変形説の比較

ヤポネシア人の起源と形成に関する置換説・混血説・変形説という三種類の説は、旧石器時代と縄文時代を通じてヤポネシアに渡来した第一の渡来人と比較して、一般に弥生時代以降とされる第二の渡来人のDNAが、どれぐらいの割合で現代のヤマト人に伝えられたかを指標とすると、図36のように位置づけることができる。

かりにこの割合を「弥生渡来率」とよぼう。弥生渡来率100%が置換説であり、0%が変形説だ。これら両極端のあいだに、さまざまな弥生渡来率を持つ混血説が位置している。たとえば、わたしたちは縄文人の核ゲノムデータから、ヤマト人への縄文人ゲノムの寄与率を12%と推定した。この場合の弥生渡来率は、図36にしめしたように88%になり、混血はあったものの、かなり置換説に近くなっている。

そもそも、人間は交わるものだ。ある地域にこれまで住んでいた人々が、別の地域から渡来してきた別系統の人々とまったく置き換わってしまうということは、同じ人間である限り、厳密には生じない。すくないながらもなんらかの混血が生じるからだ。

ヤポネシアのなかで、地域的に置換説や変形説をとり入れる場合がある。図36では、ヤポネシア中央部に主として居住してきたヤマト人のみを考えたが、3章で紹介した二重構造モデルにおいては、ヤポネシア北部（アイヌ人）と南部（オキナワ人）では、事実上変形説の立場をとっている。また、ヤマト人の変形説を主張した鈴木尚も、九州北部や山口県の日本海側で次々に弥生時代人骨が発見されると、西日本ではこれらの人骨が第二の渡来民の影響を受けたことを認めている。一方で自身が多くの人骨を調べた東日本においては、変形説があてはまると主張した。混血説であっても、弥生渡来率がきわめて高いと、置換説に近づくし、逆に弥生渡来率がとても低い場合には、変形説に近づく。したがって、真に問題なのは、置換説・混血説・変形説という、あたかもまったく異なるかのような3モデルではなく、弥生渡来率の割合だということになる。

ベルツや鳥居が提唱した日本列島人の混血説は、もともと妥当な説であるということもあり、またその後清野謙次や金関丈夫など多数の研究者による成果が積み重ねられて、「二重構造モデル」が誕生した。

二重構造モデルは、いろいろな時代の遺跡から発見された人骨を統計的に研究した国立科学博物館の山口敏《びん》（彼自身の言葉では「二重構成」）や、東京大学理学部（のちに国際日本文化センター）の埴原和郎《はにはらかずろう》が、ベルツの「アイヌ琉球同系説」から大きな影響を受けつつ、1980年代に定式化したものである。日本列島諸集団とそれらをとりまくアジアの集団との比較から導き出されたものであり，ヤポネシア人の起源と成立を考えるうえで、重要な出発点だといえよう。

遺伝子解析による日本人探究の発展

ヒトゲノムの塩基配列が決定される前の、20世紀における遺伝子をしらべた研究としては、東京大学理学部（のちに国際日本文化センター）の尾本恵市《おもとけいいち》とわたしが、二十数種類の遺伝子データを総合して解析した結果がある。わたしたちはアイヌ人とオキナワ人の共通性が弱いながら存在することをみいだして、日本列島において二重構造が存在することを遺伝子データで確認した。

ＨＬＡ遺伝子をしらべた東京大学医学部の徳永勝士《とくながかつし》らや、ミトコンドリアＤＮＡをしらべた国立遺伝学研究所（のちに総合研究大学院大学）の宝来聰《ほうらいさとし》らも、アイヌ人とオキナワ人の共通性をみいだした。

32億塩基を有するヒトゲノム解明以前の20世紀には、人類進化をＤＮＡで調べるというと、わずか１万６５００塩基しかないミトコンドリアＤＮＡのなかの、さらに１０００塩基にも満たないＤループ（コントロール領域ともよばれる）という、タンパク質やＲＮＡの遺伝子情報を持たず、進化速度が速い部分の塩基配列を決定して、比較するという方法が主流だった。

わたしの研究グループも、多少はミトコンドリアＤＮＡの研究をおこなった。しかし、ＤＮＡの塩基配列を比較するという新規性はあるものの、情報量としては１個の遺伝子だけをあつかったものであり、あまり信頼性が高い結果は得られない。このため、わたしはミトコンドリアDNAや、やはり1個の遺伝子の情報量しか持たないY染色体、あるいはウイルス遺伝子を用いた研究には懐疑的だった。古代DNAは当時の技術的な壁があり、ほとんどミトコンドリアDNAだけが調べられていたので、そのような研究を中国で出土する人骨を用いて進めていた東京大学理学部の植田信太郎の研究グループに加わり、安陽《あんよう》（殷墟《いんきょ》）での現地調査に同行したり、塩基配列のデータ解析を担当するにとどまっていた。

ポスト・ヒトゲノムの革命

西暦2000年になってヒトゲノムの概要配列が発表されると、すぐにHapMapと称するヒトゲノム多様性の国際的な研究プロジェクトがたちあがった。多数の人々のゲノム配列をかたっぱしから決定して、それらのなかでDNAが異なる部分（専門的には単一塩基多型〈SNP〉とよぶ）を、網羅的に発見しようというものである。日本では、東京大学および理化学研究所の中村祐輔を中心とするグループが巨額の研究費を得て、欧米の研究グループに加わった。当時わたしは榊佳之《さかきよしゆき》がひきいていたチンパンジーゲノム計画に参加していたので、HapMap計画の動向にはあまり注意を払っていなかった。

HapMap計画の最初の論文が2005年に発表されると、人類遺伝学の分野では、遺伝病の発見

図37：理化学研究所による日本列島人7000名と北京の漢族の主成分分析の解釈（斎藤［2009］より）

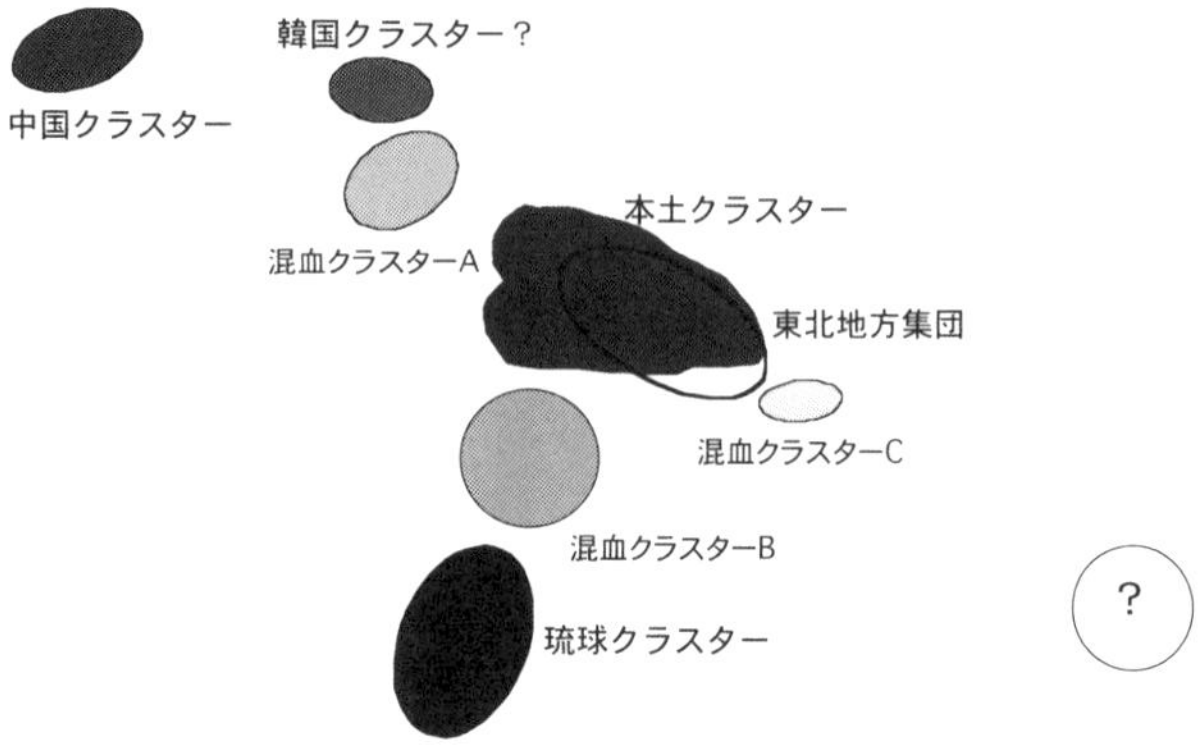

競争が過熱していった。遺伝病をみつけるには、病気の人だけでなく、健康な人も調べる必要がある。このため、いろいろな人類集団でつぎつぎに単一塩基多型データが得られていった。医学研究には潤沢《じゅんたく》な研究費が投入されやすいので、これらのデータが急速に蓄積したのである。

２００８年には、東アジアの多数の人類集団のこれらＳＮＰデータを比較した論文が、米国のグループによって発表された。日本でも、理化学研究所の中村祐輔・鎌谷《かまたに》直之らのグループが日本列島に居住する７０００名についてＳＮＰデータを産生し、やはり２００８年に解析結果が発表された。

彼らの論文の図をもとにしてわたしが描いた図37によれば、日本列島人は、大きく本土クラスター（ヤマト人）と琉球クラスター（オキナワ人）にわかれており、これら2集団と中国クラスター（北方中国人）が三角

図38：日本列島4集団と北方中国人間の遺伝的近縁関係（Jinamら 2015, Fig. 2より）

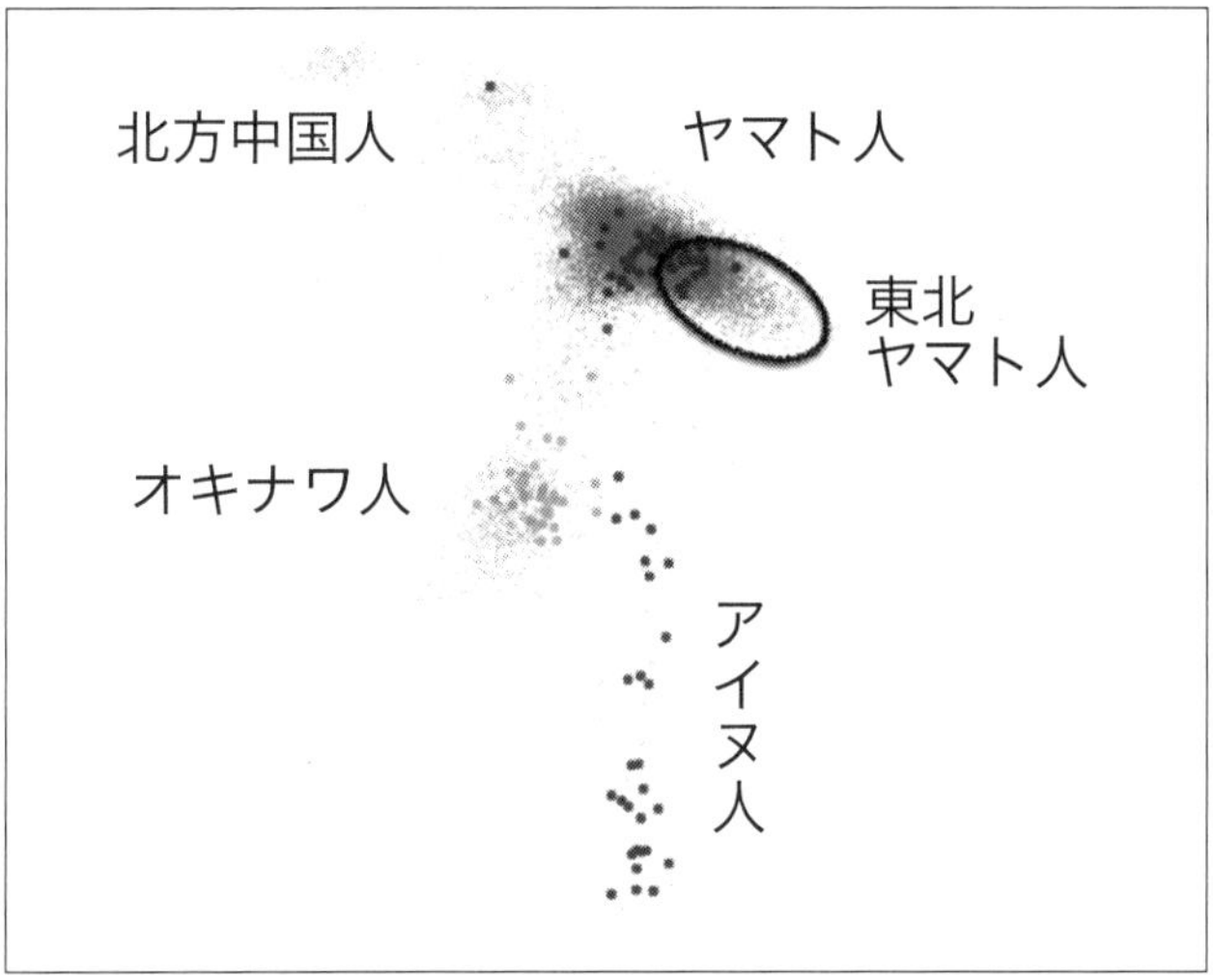

形を構成している。この他、遺伝的には朝鮮半島出身者だと思われる「韓国クラスター？」や、混血クラスターA、B、Cがみとめられる。大きな興味をひくのは、本土クラスターのなかで特に右下に分布が偏っている、東北地方集団である。この図を描いた2009年には、まだアイヌ人のデータ解析が進んでいなかったので、わたしはそれまでの二重構造モデルにしたがって、もしアイヌ人のデータがこの主成分分析にくわえられたら、「？」とだけ書いた白い円のところに位置するのではないかと予想した。この場合、東北地方集団および混血クラスターCは、アイヌ人とヤマト人が、いろいろな程度で混血したと考えたのである。

ところが、実際のアイヌ人の位置は予想とは異なっていた。ヤマト人、オキナワ人、アイヌ人、北方中国人のDNA多様性のデータと、理化学研究所が1万9000人あまりの日本列島人のDNA多様性を、主成分分析法で調べた結果を重ねあわせた結果が図38だ。小さな点のひとつひとつが1個人をあらわしている。「東北ヤマト人」と示した楕円は、さきほど紹介した理化学研究所の以前の研究結果から、現代東北地方の人々が多数含まれていると推定される部分だ。

もしも東北地方の人々が関東地方以南のヤマト人とアイヌ人の混血であれば、東北ヤマト人は両者のあいだに位置することが期待される。しかしアイヌ人はこの主成分分析の結果では、ヤマト人の真下に位置しており、期待される右下の位置ではなかった。このパターンの意味については、本章のあとの部分で、別のデータ解析結果と関連づけて論じる。

東北ヤマト人とオキナワ人が遺伝的な共通性をもつという謎

ところで、理化学研究所のデータでは、ヤマト人は、北海道、東北、関東甲信越、東海北陸、近畿、九州の6地域にわけられていた。われわれはこれら6地域と沖縄の遺伝的関係を「系統ネットワーク」という方法で解析した。まず、オキナワ人がヤポネシア中央部6地域のヤマト人とは遺伝的に大きく異なっていた。ヤマト人のなかでは、九州ヤマト人がオキナワ人にもっとも近いが、九州は地理的にオキナワ人が住む南西諸島にもっとも近いので、ある意味では予想された結果である。一方、九州人と沖縄人の共通性よりは弱いが、東北ヤマト人とオキナワ人のあいだに共通性が存在することがわかった。

この不思議な関係を、オキナワ人、九州ヤマト人、東北ヤマト人、近畿ヤマト人の4集団を選んで、系統ネットワークでしめしたのが、図39である。図39の上部には4集団間の遺伝距離をしめし、下部にこれらの距離に対応する系統ネットワークが描かれている。オキナワ人と3地域のヤマト人の遺伝距離と比較すると、ヤマト人相互の遺伝距離はずっと小さい。オキナワ人からみると、九州ヤマト人がもっとも遺伝距離が小さく、次に東北ヤマト人、近畿ヤマト人となる。地理的には東北地方のほうが近畿地方よりも沖縄に近いのだが、遺伝距離では東北と近畿が逆転しているのだ。一方、東北ヤマト人からみると、近畿、九州、沖縄の順に遺伝距離が大きくなり、地理的関係と対応している。

このような複雑なパターンをひとつの図であらわしたのが、図39の下のネットワークである。実際の枝の長さは、数字でしめしており、図の

図39：オキナワ人、九州ヤマト人、東北ヤマト人、近畿ヤマト人の遺伝的関係

（山口-加畑ら2008のデータより）

近畿	642		
九州	687	435	
沖縄	3282	3452	2823
	東北	近畿	九州

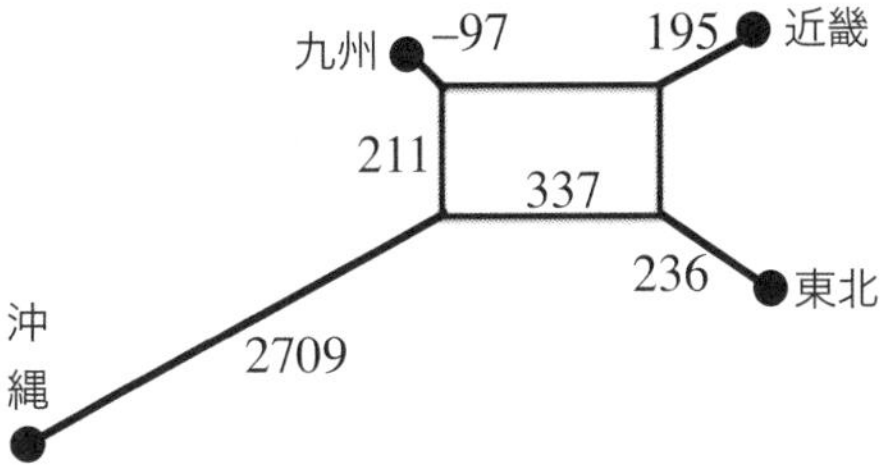

枝の長さは近似的にこれらの数字に近いものにしてある。なかにはマイナスの値（－97）もある。これは、遺伝距離に三角不等式が成り立たない場合に生じる現象だ。具体的には、九州と沖縄の距離（A＝2823）、九州と近畿の距離（B＝435）、沖縄と近畿の距離（C＝3452）が、三角不等式（C＜A＋B）を満たしていない。この場合、九州に伸びる枝の長さがマイナスとなる（三角形を描くことができない）。事実上はゼロと考えてよい。

遺伝的にきわめて近い集団を比較すると、三角不等式を満たさない場合があることは、津雲貝塚縄文人のところでも登場したが、近縁な集団間のデータでは、ときどき生じることである。

注目したいのは、中央の長方形の2辺である。337の長さを持つ水平な辺は、沖縄・九州グループと近畿・東北グループをわけている。これは地理的な位置関係と対応している。一方、211の長さを持つ垂直な辺は、沖縄・東北グループと九州・近畿グループをわけている。これをどう考えたらよいのだろうか？　主成分分析を用いた図37では、東北地方集団はやや下方に分布しており、これは彼らが琉球クラスター（オキナワ人）にやや似た遺伝的要素を持っていることを示している。おそらくこの傾向が、図39の長方形の垂直辺での分割に対応しているのだろう。

本章のあとで出てくるように、アイヌ人とオキナワ人はDNA上の共通性があるので、東北人にも弱いながら存在するアイヌ人との共通性が、オキナワ人と東北人の共通性に影響している可能性もあるが、わたしたちは別の可能性を主張した。

アイヌ人、オキナワ人、ヤマト人のゲノム規模SNP解析研究

そのころ、日本人を含む多数のアジア人集団を、SNPが5万個のったマイクロアレイで調べるという大規模な国際研究（論文は2009年サイエンス誌に掲載）が進んでいた。

多数の国の研究者が参加したが、そのなかに、マレーシアの研究グループに所属した、当時まだ国立マラヤ大学の修士課程大学院生だったティモシー・ジナム（ティム）がいた。海外で博士課程にはいることを考えた彼は、2007年にわたしに連絡をとり、日本の文部科学省の奨学金を得て、2008年4月に三島にやってきた。8月におこなわれた総合研究大学院大学遺伝学専攻の入試に合格し、ティムは10月から同専攻の後期博士課程の大学院生となって、わたしの研究室で本格的に研究を開始した。

彼が入学してから1か月後、東京大学医学部の徳永勝士教授の研究室で、10名ほどの研究者があつまった、ある会合が開催された。1980年代に尾本恵市東京大学理学部教授（当時）が得たアイヌ人55名のDNAが東京大学で長く保管されてきた。これらの貴重なDNAは、ミトコンドリアDNAやY染色体の研究にはすでに使われ、針原伸二《はりはらしんじ》や宝来らによる一連の論文が発表されている。

今回徳永教授の研究室で全ゲノム規模のSNPタイピングをおこなうので、そのデータ解析をどうするかがテーマだった。ちょうど全染色体に分散しているSNPデータの解析を博士論文のテー

マとしていたティムがわたしの研究室に入学したばかりだったので、国立遺伝学研究所のわたしの研究室が中心となってデータ解析をすることになった。1997年に尾本と斎藤が発表した論文でアイヌ人と沖縄人の近縁性を指摘したが、それから10年以上経って、莫大なDNAデータをいよいよ解析できるのである。

その後、本格的なデータ解析が始まったのは2010年になってからだ。アイヌ人のDNAは、もともとミトコンドリアDNAの研究のためにあつめられたが、それから30年以上経過しており、SNPタイピングに使うことができたのは、36名のDNAだった。オキナワ人のDNAは、琉球大学医学部のグループから提供を受けて、これらも徳永研究室で35名についてSNPタイピングがおこなわれた。4人の祖父母全員が沖縄県出身者という条件で集められた貴重なDNAである。

ヤマト人については、2008年に東京周辺在住者198名についてSNPタイピングをした結果を徳永研究室が論文として発表していたので、これらをあわせて、日本列島人の3集団（アイヌ人、オキナワ人、ヤマト人）の比較解析を進めることができた。

解析結果は、わたしの研究室や共同研究者と共有して議論したが、はじめてそれ以外の人々に研究成果を紹介したのは、2011年4月、東京大学理学部生物学科の人類学談話会だった。その後6月に、国立民族学博物館で開催された印東《いんとう》道子教授主宰の共同研究会や、同年11月に沖縄県立博物館で開催された日本人類学会のシンポジウムでも講演した。沖縄では、ティムに聞いてもらいたかったし、気分が高揚していたこともあり、出席者の大部分が日本人だったが、英語で講演した。

「ベルツの説が証明された」と発表

2011年は、1911年にベルツがアイヌ琉球同系説を発表してからちょうど100年であり、ついにこの説が「証明された」とわたしは高らかに宣言した。日本列島人の成立に関する二重構造モデルは、ベルツのアイヌ琉球同系説に強い影響を受けているので、わたしたちの研究結果は、二重構造モデルを基本的に支持するものでもある。

なお、ティムは、この研究の他、本書の2章でも紹介した東南アジア人類集団の解析を含めた一連の研究によって、この年の9月末に総合研究大学院大学遺伝学専攻から博士号を授与されている。その後も彼はしばらくわたしの研究室で研究をつづけた。

研究成果をもとにした論文は、徳永勝士教授が当時編集長をしていた、日本人類遺伝学会の機関誌、Journal of Human Geneticsへ2012年の3月に投稿し、査読を受けて改訂した原稿が受理（雑誌への掲載が決定すること）されたのは、同年8月だった。

そのすこし前の7月には、わたしたちが解析に用いたアイヌ人のDNAの提供を受けた、北海道平取町《ひらとりちょう》の二風谷《にぶたに》をティムと訪問し、北海道アイヌ協会平取支部の幹部20名前後の方々に、わたしたちの研究成果を説明させていただく機会を得た。用いたDNAは1980年代前半に提供を受けたものなので、それから30年以上経過しており、現在では提供者の子や孫の世代になっている。二風谷には、その前後にも何度か訪問しているが、何度来ても、なんとなくなつかしさを感じるのは、沙流川をはさんだあの地帯の風景のすばらしさにもあると思う。

最終的に論文がオンラインで公開されたのが11月8日である。わたしたちはその数日前に東京大学医学部の会議室で記者会見を開いた。ティム、徳永勝士教授、尾本恵市東京大学名誉教授、およびわたしの4名が出席した。多くの新聞社が集まり、テレビ局も2社が来た。記者会見に出るのは、2004年に理化学研究所と共同でおこなったチンパンジー22番染色体ゲノムの決定論文のとき以来のことであり、それなりに緊張した。記者会見の司会は、ティムが博士号を授与された総合研究大学院大学の広報課が担当した。ベルツが1911年にドイツ語で発表したアイヌ琉球同系説から100年ちょっと経過したが、ようやくこの説が膨大なDNAデータによって「証明」されたことに、わたしはささやかな満足をおぼえた。

アイヌ人のばらつきが大きい原因は?

いよいよ、実際の解析結果をみていくことにしよう。まず、これまでにも何度か登場した、「主成分分析」という多変量解析の手法を用いて、ヤポネシア人3集団を比較した。図40には、ふたつの図がある。A図は、2012年に発表した論文に掲載したものであり、B図はその後比較する集

図40：ヤポネシア人3集団と他の東アジア人の主成分分析による比較

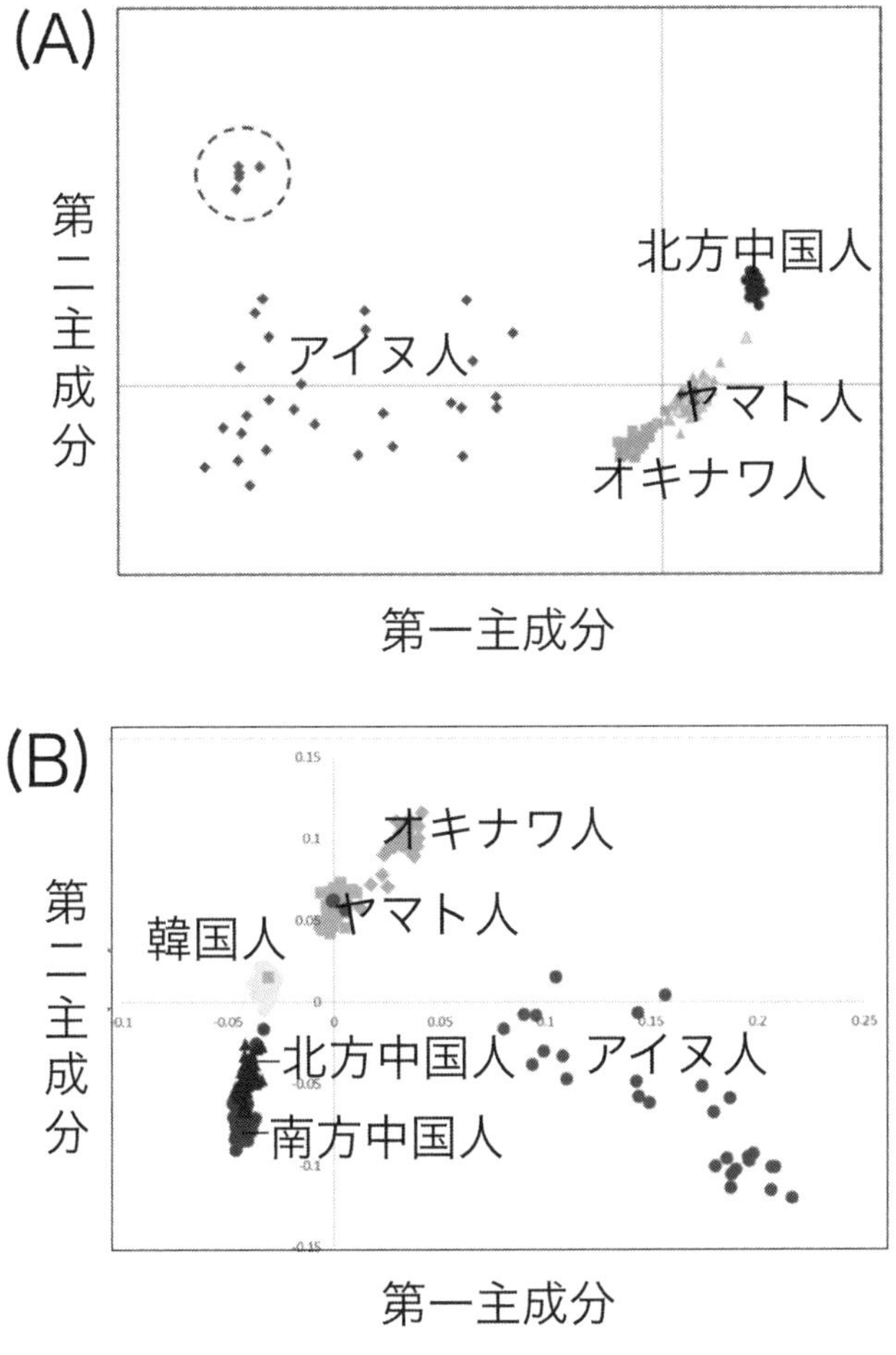

〈(A)Jinamら 2012, Fig. 1より　(B)Jinamら 2015, Fig. 1より〉

団をふやして2015年に発表した論文に掲載したものである。

どちらの図でも、アイヌ人が他の集団とかなり離れた位置にあること、またアイヌ人内のばらつきが大きいことがわかる。A図ではアイヌ人が左側に、B図では右側に位置しているが、どちらの場合でも、左右にばらつかせる第一主成分でいえば、アイヌ人からみてもっとも近いのはオキナワ人であり、次がヤマト人である。東アジアの大陸集団は、ヤマト人よりもさらにアイヌ人から遠い。これらの集団の相対的位置関係は、3章で論じたように、アイヌ人、オキナワ人、ヤマト人の順に縄文時代人のゲノムを受け継ぐ割合が高い〜低いとなっているためである。

一方、次にばらつきが大きいが、第一主成分とは異なる傾向をしめす第二主成分は、どのように解釈すべきだろうか?

主成分分析の結果そのものは、ソフトウェアが生成するものであり、客観的だが、その解釈は研究者の知識や憶測に左右される。図40(A)における、第二主成分(上下)のアイヌ人以外の3集団のばらつきをみると、下から上に、オキナワ人、ヤマト人、北方中国人(北京の漢族)となっている。地理的には、南から北に位置している。

そこで、第二主成分は、縄文人から伝えられたゲノムの割合をしめすと考えられる第一主成分とは異なり、東アジア集団の南北の地理的勾配《こうばい》をしめしている可能性がある。そこで気になるのが、破線でかこんだ5名のアイヌ人である。彼らは特に上のほうに位置している。

研究グループのなかには、これらの人こそ、より混血がすくない人々ではないかという意見もあったが、わたしはオホーツク文化人の影響が特に強い人々ではないかという印象を持った。これらのDNAサンプルが得られた二風谷地域には、樺太アイヌの人々も住んでいたことがあるとの情報も、この考えを持つのに影響した。

しかし、どちらの考えもまちがっていた。2012年に論文を発表してからしばらくして、ティムが個人間の血縁関係を推定できるソフトウェアを用いたところ、なんとこれら破線でしめされた人々は、親子だったのである。近親関係にある人間が含まれると、主成分分析結果に大きい影響をあたえるということは、考えていなかった、われわれ研究グループのミスである。

そこでこれら近親者の片方をとりのぞき、さらに韓国人と南方中国人（中国系シンガポール人）のデータを加えた結果が、図40（B）である。

今度はアイヌ人が右側に分布しているが、A図ほどのひろがりは減っている。また、アイヌ人は右下から左上に伸びる直線上に分布している。これは、本書の2章図13でしめしたように、人口の小さいアイヌ人が、人口の大きいヤマト人と混血をくり返したことにより、混血の程度が小さい人と大きい人のばらつきが生じたためだと考えられる。なお、この図では、アイヌ人の個体間のばらつきが大きいので、遺伝的多様性も大きいようにみえるが、個体の遺伝的多様性をはかる尺度である「平均ヘテロ接合度」でみると、これらの集団のなかでは、アイヌ人がもっとも低い。

人口が小さな集団は遺伝的多様性が低いことが理論的に予想されるが、そのとおりになっている。図40におけるアイヌ人のばらつきは、あくまでも他集団との相対的関係においてである。

B図はA図とくらべると、あらたに韓国人と南方中国人のデータが比較にくわえられている。大陸の3集団と日本列島のアイヌ人を除く2集団は、オキナワ人、ヤマト人、韓国人、北方中国人、南方中国人の順にならんでいる。

これら5集団は、地理的にはU字の逆に位置している。なお、ヤマト人が密集している位置にアイヌ人が3名、韓国人が密集している位置にヤマト人が1名存在しているが、これらの人は遺伝的にはそれぞれヤマト人と韓国人である。同様に、福建州や広東州出身者が大多数であるとされる中国系シンガポール人は「南方中国人」としたが、なかには北方中国人(北京在住の漢族)よりもずっと韓国人に近い位置にいる人も存在している。

主成分分析からみた東アジアにおける日本列島人の特異性

次に、比較する集団をもっとずっと多くして、日本列島を含む東アジアの30集団以上について、主成分分析をおこなった(図41)。その結果は、ある意味で衝撃的なものだった。大部分の集団が左下の楕円部分に集中するのに対して、ふたつのグループがこの楕円部分から離れて位置していた。ひとつは、西域のウイグル人とシベリアのヤクート人である。どちらも、西ユーラシア人との混血

図41：東アジアにおける人類集団の遺伝的関係

（Jinamら 2012, Fig. 3bより）

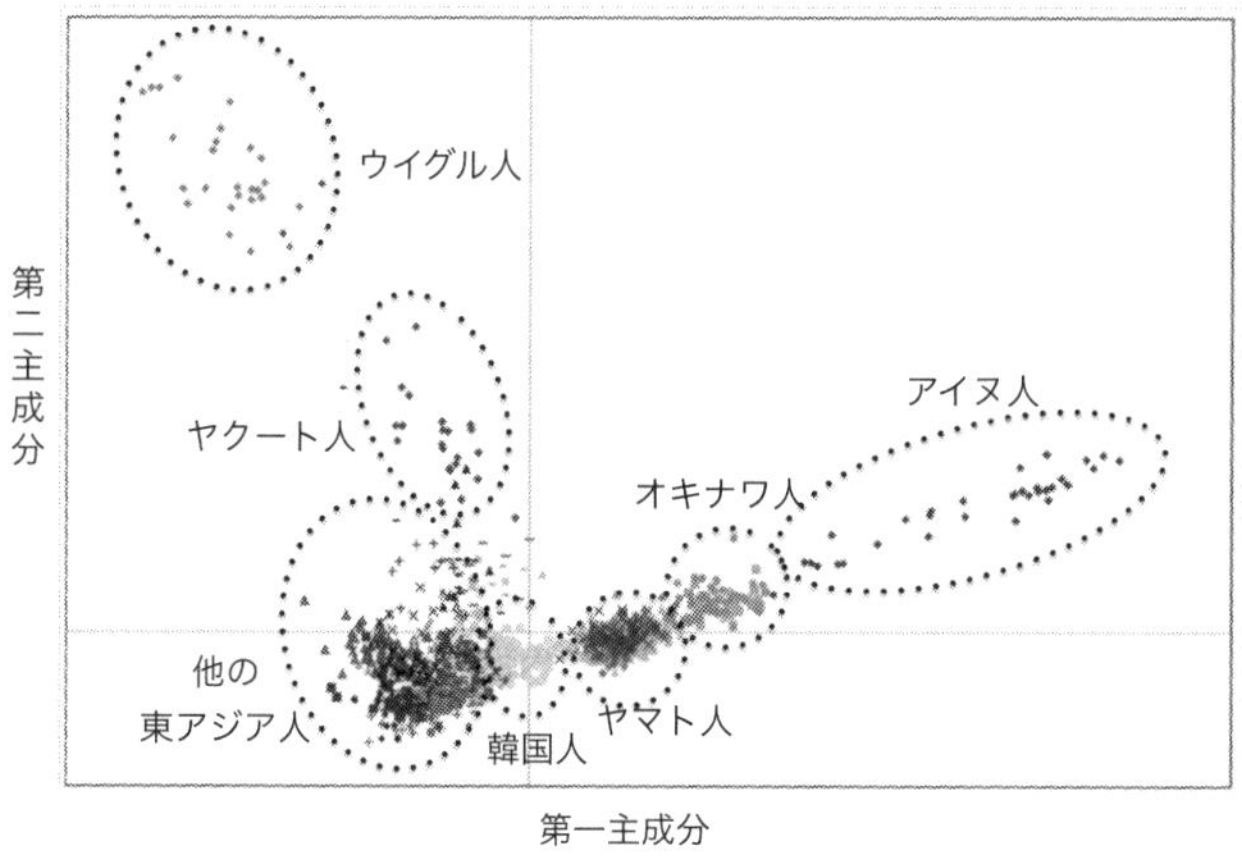

図42：図40で比較した6集団の個体ごとの混血解析結果

（Jinamら 2015, Suppl. Fig. 2より）

集団	祖先集団AとBの割合
アイヌ人	99：1 〜 51：49
オキナワ人	33：67 〜 21：79
ヤマト人	21：79 〜 13：87
韓国人	3：97 〜 1：99
北方中国人	2：98 〜 0：100
南方中国人	2：98 〜 0：100

があることが知られているので、東アジア人からのずれは予想される。

一方、このグループとは反対方向にずれているグループが日本列島の3集団と韓国人である。アイヌ人がもっとも東アジアの中心部からはなれており、オキナワ人、ヤマト人、韓国人がつづく。3章ですでにしめしたように、このずれは縄文人の影響である。すなわち、アイヌ人がもっとも濃密に縄文人のDNAを受け継いでおり、それについでオキナワ人、ヤマト人がつづく。

韓国人も、弱いながら縄文人のDNAを含んでいる可能性がある。縄文人が、現在の東アジア大陸部に住んでいる人々と異なっているとは思っていたが、こんなに大きな違いがあるのは、おどろきだった。このことは、本書の3章で紹介した縄文人そのもののゲノムDNA解析から、のちに裏づけられたのである。

今度は、別の手法を用いて、混血度合いについての解析をおこなった。過去に遺伝的に異なる2個の祖先集団AとBが存在しており、現在の人間はすべてそれらの集団の混血だと仮定として、図40（B）で用いた6人類集団のSNPデータを解析した。個人ごとに混血の程度が推定され、2個の祖先集団の割合がわかる。図42に各集団における、祖先集団AとBの割合の幅を示した。同じ集団であっても、個人ごとにすこしずつ混血の割合が異なるからである。アイヌ人の半分近くの人々は、祖先集団AのDNAをほぼ100%受け継いでおり、それとは対照的に、南方・北方の中国人はともに祖先集団BのDNAをほぼ100%受け継いでいる。

アイヌ人の次に祖先集団Aの割合が高いのがオキナワ人であり、人によって33%から21%程度を有する。ヤマト人が持つ祖先集団Aの割合は21~13%であり、オキナワ人よりはかなりすくなくなる。韓国人は中国人と似ており、祖先集団Bの割合は97~99%である。なお、図40(B)の主成分分析の図で、アイヌ人がいろいろな位置にあったが、図42でも、祖先集団Aの割合は99%から51%とばらついている。

これらの結果から、二重構造モデルにしたがえば、祖先集団Aは縄文人であり、祖先集団Bは弥生時代以降の渡来民だったということになる。ただし、現代のアイヌ人が縄文人の直系の子孫であるとは限らない。あくまでも、現在の人々が過去に存在した2集団の混血だと仮定した場合の結果である。

同様に、祖先集団Bについても、実際にはもっと多様だった可能性もある。そもそも、東アジアの北と南では人類集団が遺伝的に大きく異なることが知られているので、彼らが単一の祖先集団から由来したわけではない。このあたりは、統計解析のこわさである。統計解析の際の、本来の仮定を忘れていると、解析結果がそのとおり真実だと信じこんでしまう場合があるからだ。

集団の系統樹からみた東アジアにおける日本列島人の特異性

今度は集団を単位として、系統樹を描いてみた。図43は、最尤法《さいゆうほう》という統計手法を用いて、東ア

図43：東アジアにおける人類集団の系統樹

（Jinamら 2012, Fig. 4bより）

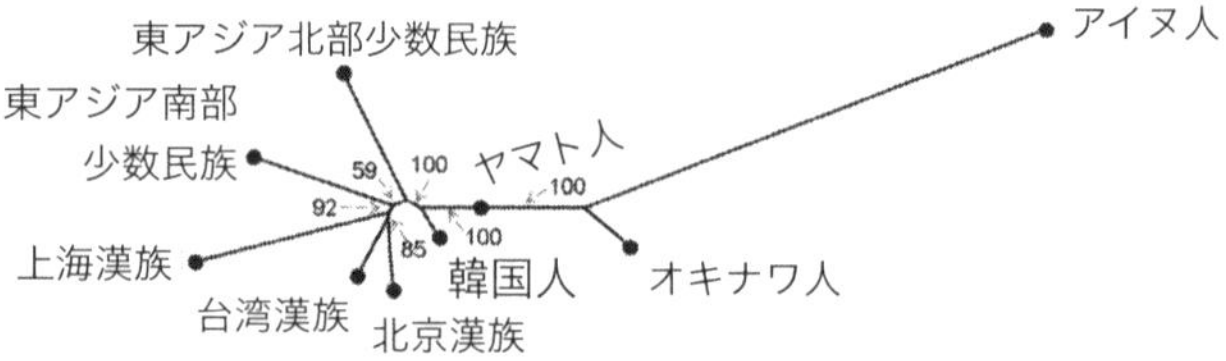

ジアの９人類集団の系統関係を推定したものだ。祖先集団の位置が明示されない無根系統樹なので、３章の図32のように、左から右に時間が流れているわけではない。集団間の遺伝的近縁関係をしめしたものと考えていただきたい。

この図のもっとも右側には、アイヌ人が位置する。アイヌ人に伸びる長い線分は、この集団が東アジアの他の集団とは、遺伝的に大きく異なっていることをしめしている。しかし、この線は、オキナワ人から伸びる線とつながっている。これこそ、アイヌ人とオキナワ人の共通性をしめしており、彼らの遺伝的共通性は、左に水平に伸びる線分でしめされる。この２集団のまとまり（専門用語でクラスターとよぶ）は、統計検定で１００％となり、このことから、ベルツのアイヌ琉球同系説が証明されたと、わたしは主張している。

アイヌ人とオキナワ人から構成されるクラスターがつながるのは、ヤマト人である。ヤマト人だけは、他の集団と異なり、自分に特有の線分がなく、水平線の上に位置している。これは、ヤマト人が混血集団であることを示唆する。すなわち、右側に伸びるアイヌ人とオキナワ人のグループがしめす縄文人の要素と、左側に伸びる大陸系の人々の要素の混血である。

これは、図41・42の結果とも対応している。ヤマト人は、アイヌ人・オキナワ人のグループと結合してヤポネシア人のグループを構成する。ここでも、これら3集団は統計的に100％の確率でまとまっている。ヤポネシア人グループにもっとも近縁なのは、地理的にも近接した韓国人であり、朝鮮半島と日本列島の4人類集団もまた、統計的に100％の確率でひとつのグループとなっている。


これら4集団グループの外側には、東アジアの5集団が位置しているが、そのうちの3集団はいわゆる漢民族である。上海、台湾、北京の3集団がまとまっている。しかし、どれも集団特有の枝の長さが長く、同じ漢民族といっても、地域によって大きな遺伝的違いがあることがわかる。

たとえば、上海と北京の漢民族の遺伝的違いは、ヤマト人と韓国人の遺伝的違いのおよそ3倍程度となっている。漢民族以外では、東アジアの北方と南方の少数民族が位置しており、朝鮮半島と日本列島に地理的に近い北方の少数民族（ホジェン、ダウール、オロチョン、モンゴルの4集団のデータをまとめたもの）のほうが、南方の少数民族（トゥー、ナシ、イの3集団のデータをまとめたもの）よりも、遺伝的にも近い関係となっている。

わたしたちが論文を発表したあと、シカゴ大学のグループがもっと多くの人類集団のデータとアイヌ人のデータを比較した。それによれば、アイヌ人のＤＮＡと共通性をある程度持っていたのは、ヤマト人とオキナワ人以外では、ウルチ人だけだった。

3章の図21でしめした、ミトコンドリアDNAのデータにもとづく系統ネットワークでも、アイヌ人とウルチ人は近縁だった。ウルチ人はアムール川河口域に住んでおり、おそらく樺太島を通じてアイヌ人と遺伝的交流があったのだろう。

縄文要素と弥生要素の混血によるヤマト人とオキナワ人の誕生

次に、土着縄文系と渡来弥生人系の2集団が混血を開始した時期と両者の割合を推定した。この目的のために、図44でしめした系統樹を仮定した。集団の位置が（A）の場合には、ヤマト人が大陸から来た渡来弥生人系の集団からαの割合でゲノムを受け継ぎ、のこりの（$1-\alpha$）の割合を、土着縄文系の集団から受け継いだとする。

ここでは、現代のアイヌ人が土着縄文系の直系の子孫だと仮定した。渡来弥生人系の集団は、現在東アジアの大陸に居住する集団と系統的に近縁だと仮定したので、韓国人、北京の漢族、中国系シンガポール人の3種類から2集団を選んだ。

オキナワ人について解析した場合（B）では、大陸集団2のかわりにヤマト人を用いた。比較した東アジアの4集団とは系統的に離れている外群も必要なので、それにはシンガポール在住のインド人のデータを用いた。

図44：混血比率を推定するのに仮定した集団の系統樹
（Jinamら 2015, Fig. 3より）

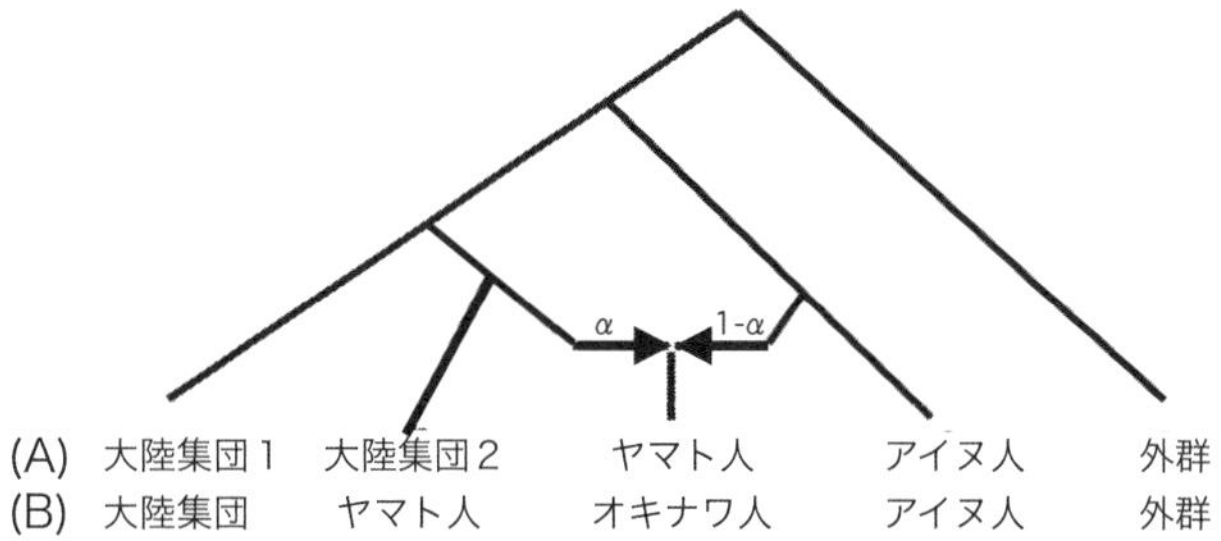

計算の結果、ヤマト人については、今から55～58世代前に混血が開始され、現在のヤマト人には、14～20%の割合で縄文人のゲノムが伝わっていると推定された。ここで１世代とは、両親が子供をうんだときの平均年齢である。現在では晩婚化が進んでいるため、１世代は30年ぐらいになっているが、かつてはもっと若いときから子供をうんでいたとすれば、１世代は25年ぐらいだったかもしれない。世代数も１世代の年数も幅をもたせると、混血が始まったとされる時代は、もっとも新しくて１３７５年前、もっとも古くて１７４０年前となる。用いたＤＮＡサンプルが得られた年代がばらついているので、便宜上《べんぎじょう》「現在」を西暦２０００年とすれば、これら混血が始まった年代は西暦３～７世紀となり、日本列島中央部では、古墳時代から飛鳥時代にあたる。

この時期は、ヤマト政権が東日本から東北地方に勢力範囲を拡大していた時期である。日本書紀のこの時代のものとされる叙述には、ひんぱんに蝦夷（えみし、えぞ）が登場する。

彼らが帰順した、辺境を侵して荒らした、あるいは朝廷から蝦夷の国を視察した、蝦夷がそむいたので討って大いに破った、蝦夷と境を接する国に武器の検査を命じた、柵（のちには城とよんだ）を現在の新潟県内につくり、蝦夷に備えたなどの記事がみいだされる。

西暦660年前後には、180艘の大軍勢で蝦夷を討ったり、蝦夷が200人朝廷に参上したり、阿倍比羅夫《あべのひらふ》が粛慎（北方の異民族）を討ったという記述がある。日本書紀によれば、蝦夷は、にぎえみし、あらえみし、つかるの3種類とされ、松本建速《たけはや》（2011）は、彼らの居住地がそれぞれ東北地方の南（ほぼ山形県と福島県に対応）、中央（ほぼ秋田県、宮城県、岩手県南部に対応）、北（ほぼ岩手県北部と青森県に対応）だったとしている。

なお、「つかる」は、アイヌ語でアザラシの総称だという。アザラシは、現在も古代も津軽海峡沿岸には生息していないようなので、この東北地方最北端のえみしの人々は、アザラシを捕獲した北海道の人々となんらかの関係を持っていた可能性が高い。

現在の東北地方には、ナイやベツという、アイヌ語でどちらも「川」を意味する言葉でおわる地名が多数存在する。ナイでおわる地名だと、青森県青森市の三内《さんない》（ここに縄文時代の著名な三内丸山遺跡がある）、岩手県花巻市の谷内《たにない》（JR釜石線晴山《はるやま》駅の近く）、秋田県大館《おおだて》市の比内《ひない》（比内地鶏で著名）などがある。ベツでおわる地名や川の名前としては、岩手県の馬淵《まべち》川と小呂別《おろべつ》沢、秋田県秋田市の仁別などがあげられる。これらは、かつてこの地域にアイヌ語を話した人々が住んでいたことをしめしている。

これらの証拠を総合すると、弥生時代以降の渡来人が中心となったヤマト王権の勢力範囲が西日本から東日本に拡大するにしたがって、かつて東北地方に住んでいた、縄文人のDNAを色濃く伝えてきた人々はすこしずつ北にしりぞき、大部分が北海道に落ち着いたのではないかと考えられる。この仮説は、瀬川拓郎（2015）によれば考古学データからも支持されている。

一方、埴原和郎は、えみしと考えられる古墳時代の東日本の人々の人骨形態が、縄文時代人と現代人との中間に位置していると推定した。似かよった推定結果を百々幸雄らが得ている。すなわち、これらの研究からは、えみしはえぞ（後のアイヌ人につながる）とヤマト人との混血ととらえられた。これは、えみしを現代東北地方人の祖先と考えると、彼らえみしは、えぞとの混血でうまれたのではないというわたしの考えとは異なっている。

図44のヤマト人をオキナワ人におきかえて、同様の解析をおこなうと、縄文系と弥生系の混血が開始されたのは現在から43～44世代前と推定された。1世代を25年あるいは30年とすれば、1075～1320年前、飛鳥時代から平安時代に相当する。平安時代ならば、オキナワでグスク時代が始まっている。

それより以前から、弥生系のゲノムを持つヤマト人が九州から南下してきたと考えれば、考古学的証拠とDNAデータにもとづくわたしたちの推定結果は矛盾がないことになる。

一方、オキナワ人に受け継がれた縄文系のDNAの割合は、27～30％と推定された。ヤマト人に受け継がれた割合よりも、かなり高くなっており、ここからもアイヌ人とオキナワ人の共通性がみてとれる。

なお、『日本列島人の歴史』では、オキナワのグスク時代の語源となったグスクという言葉の由来について、「御柵」ではなかったかと提唱した。柵は、東北地方で城の意味で使われることがある。ヤマト政権が、古墳時代、飛鳥時代、奈良時代にかけて、日本列島の南北に膨張していった経緯を考えると、同じような言葉を東北と沖縄で用いた可能性があろう。そこで、御柵（ゴサク？）がグスクに変化していったと考えたのである。このような音韻《おんいん》変化が可能なのか、琉球語の専門家の検討を待ちたい。

渡来民の人数を推定する

二重構造モデルでは、弥生時代以降に大陸から渡来した人々が、日本列島の中央部（九州・四国・本州）にひろがり、北部と南部はこれら弥生以降の渡来人との混血の影響がすくなかったと考える。このため、渡来人の総数や彼らと土着のヤポネシア人との人口増加率を推定することは、重要である。おもしろいことに、二重構造モデルの英語論文を1991年に出版する前の1987年に、埴原和郎はこの問題に挑戦して論文を発表している。その後、中橋孝博らもこの問題を検討している。

そこで、本書でもこの問題について簡単に論じてみたい。

人口の増加や減少を専門にあつかう人口学では、年あたりの増加率を議論するが、遺伝学の基本は親から子へのＤＮＡの伝達である。したがって、世代あたりの増加率が問題となる。そこで、本書では年あたりではなく、世代あたりの人口増加率や移住率を考えることにする。人間は、かなり年齢の離れた男女が結婚して子供をつくることもあるが、多くの場合、夫婦の年齢差はすくない。そこで、「離散世代」という単純なモデルを考える。

これは、同じ世代どうしでだけ配偶し、子供を次世代に残すと仮定している。1世代あたりの増加率、すなわち「1個体あたりの成熟に達する子供数の平均」をＷとする。人口増加がなければＷは1であり、Ｗが1より大きければ大きいほど人口増加ははげしくなる。数式であらわすと、最初の人口がＮであったとき、Ｔ世代後の人口は$N \times W^T$となる。

具体的な数値を考えてみよう。1世代を30年とすると、5世代前は１５０年前となる。現在を西暦２０１５年とすれば、その１５０年前は、西暦１８６５年、江戸時代末期となる。２０１５年の日本の人口は約1億２７００万人であり、１８６５年にはおよそ３３００万人だった。したがって、1億2700万＝3300万×W^5となる。この式を解くと、世代あたりの増加率Ｗは１・３１になる。夫婦あたりにする（Ｗを2倍する）と、子供数の平均は２・６２人となり、人口爆発が産業の工業化によってこの１５０年間に生じたことがわかる。

ちなみに、夫婦あたりの子供数（2W）は、人口を論じるときによく登場する「合計特殊出生率」よりはすこし小さいはずだが、2015年の合計特殊出生率は1・45だった。現在、いかに人口減少が急激におこっているのかがわかる。現在から江戸時代末期の状況を把握したところで、今度は西暦1865年から35世代、1050年さかのぼって、西暦815年、平安時代前期を考えよう。鬼頭宏によれば、そのころの日本の人口はおよそ550万人と推定されている。すると、815年から1865年までは、$3300 = 550 \times W^{35}$であり、この式を解くと、世代あたりの増加率Wは1・05になる。明治時代以降に比べると、かなりゆっくりとした増加率だ。

こうして歴史時代の人口増加についてイメージがつかめたところで、いよいよ弥生時代からの人口増加について考えてみよう。西暦815年から60世代、1800年さかのぼると、紀元前985年になる。弥生時代の始まりのころだ。この間1800年間の平均人口増加率Wについて、いろいろな値を仮定したときに、弥生時代の始まりのころの人口（N_0）がどうなるのかを計算した。式としては、$N_0 = W^{-60} \times 550$万人である。図45に、N_0とWの組み合わせをしめした。Wの隣には、Wを年あたりの人口増加率に変換した数値（r）をしめした。$(1+r)^{30} = W$という関係がある。

Wが1・00から推定をはじめた。計算するまでもなく、人口増加はゼロなので、弥生時代のはじめから60世代後の平安時代と同じ550万人である。馬鹿馬鹿しいと思われるかもしれないが、生物の大部分は長期的にはこのような安定的な個体数変動をたどるはずなのである。ヒトも採集狩猟時代は、Wは1にとても近い値だったと考えられている。とにかく、弥生時代の始まりのとき、すなわち縄文時代がおわるころに、九州・四国・本州（奈良時代のヤマト政権が支配していた範囲）全体で500万人を超える人口があったとは思えないので、この60世代のあいだに、なんらかの人口増加はあったようだ。

図45：ヤポネシア中央部（九州・四国・本州）における60世代にわたる人口増加

W	*r*(%)	N_0
1.00	0.000	550万人
1.01	0.033	303万人
1.02	0.066	168万人
1.03	0.099	93万人
1.04	0.131	52万人
1.05	0.163	29万人
1.06	0.194	17万人
1.07	0.226	9万人
1.08	0.257	5万人
1.09	0.288	3万人
1.10	0.318	2万人

そこで、0・01きざみで人口増加率Wを1・10まで増やしていった。年あたりの人口増加率*r*は、0・000から0・318％の幅にはいる。60世代後の人口は550万人と固定されているので、その間の人口増加率が大きくなればなるほど、スタート時点の人口は減少する。

たとえば、奈良〜江戸時代の35世代のあいだの平均的人口増加率と推定されたW＝1・05の場合、弥生時代の初頭は29万人だったと推定される。小山修三は、住居跡の数から、縄文時代晩期の日本列島中央部の人口を約8

万人と推定している。それに近いのは、W＝1・07のときである。これは60世代、弥生時代のはじめから平安時代のはじめまでの1800年間の平均人口増加率なので、かなり高い値になる。

埴原和郎が人口動態を推定した1987年には、まだ弥生時代の開始が紀元前300年ごろとされていた。この場合、平安時代のはじめ（紀元後815年）までは1100年ほどしか経過していないので、他の数値や式が同じであっても、人口増加率は高く推定される。しかし、今回は弥生時代の開始を紀元前1000年ごろに設定したので、人口増加率は低めになったはずである。

そもそも、弥生時代初頭における日本列島中央部の人口は、そんなにすくなかったのだろうか？小山の推定によれば、縄文時代の最大人口は、縄文時代中期でおよそ30万人である。その後、後期や晩期に人口減少がおこり、弥生時代以降人口は急速に増えていったと推定されている。

しかし、わたしの研究室のティモシー・ジナム博士が、現代日本人1100名のミトコンドリアDNA完全配列データを用いて推定した結果（『日本列島人の歴史』図5-1）によれば、たしかに日本列島の人口は3000～4000年前にぐっと低下しているが、それでも最低30万人という推定結果になっている。ミトコンドリアDNAだけでは情報量がすくないが、あるいは、縄文時代晩期の日本列島の人口は、小山の推定よりも数倍大きかった可能性があるのではないだろうか。この問題については、考古学、古人口学、古ゲノム学などを総合した研究が期待される。

5章

ヤマト人のうちなる二重構造

従来の縄文人・弥生人とは異なる「第三の集団」の謎

出雲ヤマト人のDNAデータの衝撃

4章で紹介した、理化学研究所が調べた7000名の日本人には、なぜか中国・四国地方の人々がはいっていなかった。さいわい、数年前に、島根県の出雲地方出身者のあつまりである東京いずもふるさと会から、国立遺伝学研究所に彼らのDNAの調査依頼があり、わたしの研究室に話がきた。

出雲は中国地方の一部であり、ねがってもない話なので承諾し、さっそく研究がスタートした。研究計画を立案し、国立遺伝学研究所と東京大学のヒトゲノムDNA倫理審査委員会の承認を得たあと、東京大学医学部の徳永勝士教授の協力を得て、東京いずもふるさと会の21名から血液を採取し、DNAを抽出した。徳永研究室がゲノム規模SNPタイピングを担当し、データ解析をわたしの研究室が担当した。その予備的結果のひとつを、図46にしめした。

その結果は、目を見張るものだった。出雲が含まれる山陰地方は、地理的に朝鮮半島に近いので、人々のDNAも関東地方の人々より大陸の人々に近くなるのではないかと予想していたのだが、そうではなかった。わずかではあるが、むしろ関東地方のヤマト人のほうが、出雲地方のヤマト人よりも、大陸の人々に遺伝的には近かったのである。

しかも、この図を持ってきたティムがさらに衝撃的な点を指摘した。北方中国人、関東ヤマト人、

図46：出雲ヤマト人21名を含む4集団の主成分分析の結果

（Jinamら、未発表より）

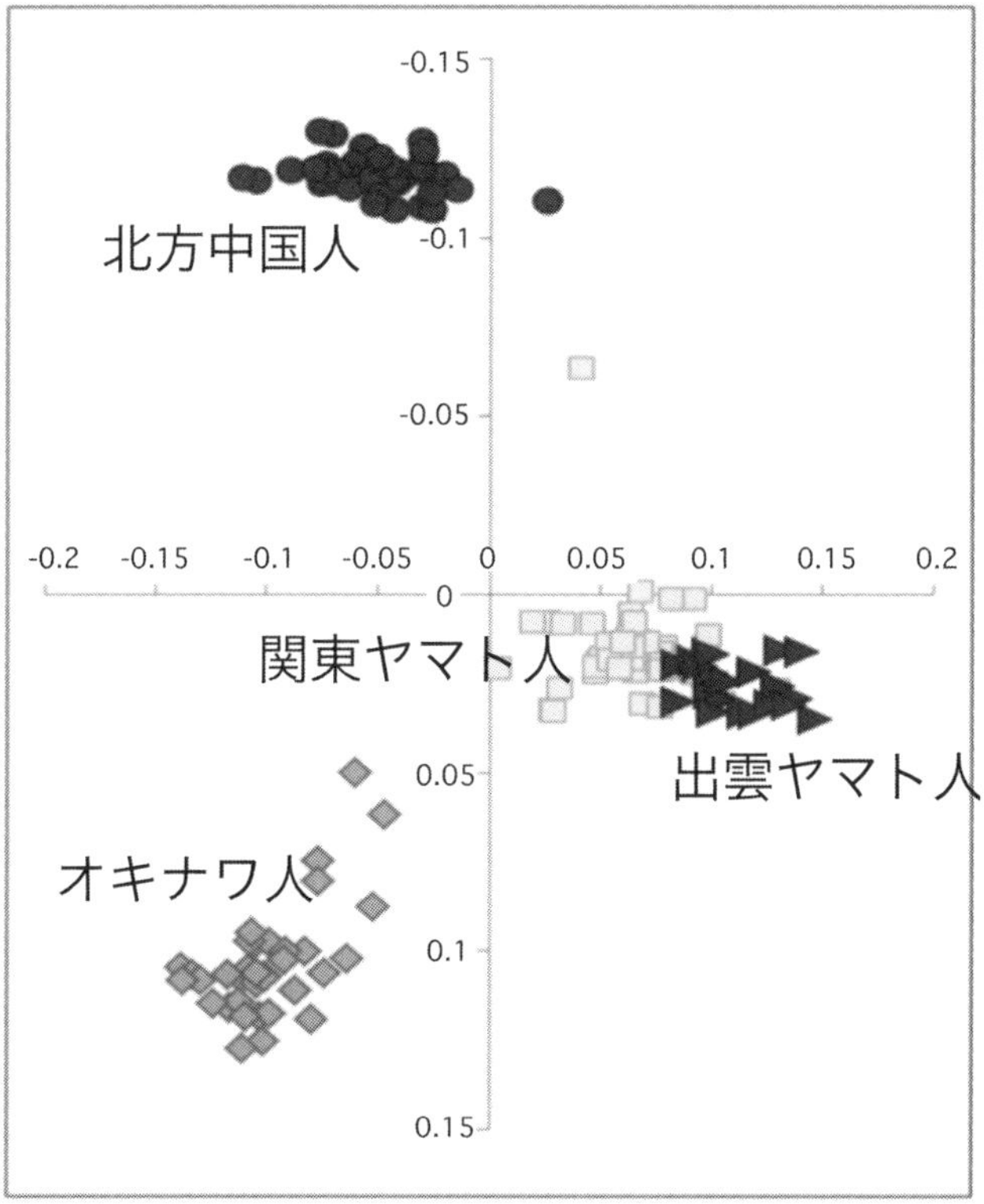

オキナワ人で構成される三角形の位置関係は、図37でしめした中国クラスター、本土クラスター、琉球クラスターに対応するが、すると出雲ヤマト人が関東ヤマト人のすこし右側に位置するのは、図37の東北地方集団の位置と似ているというのだ。

ティムは、純粋にDNAデータにおける共通性に着目したのだが、わたしはただちに小説『砂の器』を思いだした。原作者である松本清張は、出雲地方の方言のアクセントが東北地方のそれと似ているという日本方言学の成果を、事件解明のヒントとしてこの小説に使っているが、DNAでも、出雲と東北の類似がある可能性が出てきたのだ。

そのころ、わたしたちは、アイヌ人のデータと理化学研究所の膨大な日本列島人のデータを重ね合わせる解析もおこなっていた。4章の図38にその結果がしめしてあるが、この結果から、わたしたちは、東北地方の人々にはアイヌ人のDNAがほとんど伝わっていないと解釈している。

出雲ヤマト人と東北ヤマト人の関係の謎

図39の系統ネットワークからは、東北地方のヤマト人とオキナワ人の共通性が発見されている。東北、出雲、沖縄。これらをめぐる共通性とは、いったいなんなのか？　これらの共通性は、もはや「縄文」と「弥生」に象徴される二重構造モデルでは、説明することができない。

出雲といえば、思いだされるのが出雲神話だ。小学校1年生のとき、学校から先生に引率され、クラス全員で映画館にいってみたアニメが強く印象に残っている。この作品をずっとさがしていたのだが、わたしたちがみた映画は、１９６３年に公開された東映動画の『わんぱく王子の大蛇退治』だったことが最近ようやくわかった。タイトルのどこにも神話を感じさせる単語がないのだが、日本神話をもとにしており、イザナミ、イザナギ、アマテラス、スサノオなどが登場する。すなわち、わんぱく王子とはスサノオであり、大蛇とは、ヤマタノオロチだったのだ。

この小学校1年生のときから、わたしの日本神話への傾倒が始まったといっていいだろう。それはともかく、出雲神話においてもっとも重要な登場人物は、オオクニヌシだ。国ゆずりによって、アマテラスらの天津神《あまつかみ》（天から下った神）にしたがうことになった国津神《くにつかみ》（国土に土着する神）の代表である。今回、現代に生きる出雲人のＤＮＡを調べた結果、彼らは国津神の子孫ではないかと思うようになった。だとすると、天津神はどのような人々になるのだろうか？

図46は出雲ヤマト人21名だけにもとづく結果だったので、もっと人数を増やすべきだと考えた。そこで、東京いずもふるさと会の岡垣克則氏らの協力を得て、島根県の出雲地方出身者のＤＮＡを調べることになった。２０１４年10月に岡垣氏とともに羽田空港から米子空港に飛んだ。出雲大社の大遷宮《だいせんぐう》もあり、出雲空港に到着するフライトが満席だったので、米子にいったん降りたあと、出雲に鉄道で移動したのである。

日本では法令上、血液を採取できるのは法律上医師だけなので、今回はじめて唾液《だえき》をじぶんで集めてもらうことにした。もちろん、まえもってわたしの研究室で唾液からDNAを抽出する一連の方法を会得してあった。祖父母とも出雲地方出身者に限定してDNAをいただくことにしたので、そのような方々が多数参加されている、荒神谷《こうじんだに》博物館での読書会の日にうかがった。多数の著書があり、現代のオオクニヌシともよばれる藤岡大拙《だいせつ》氏らの全面的な協力を得て、多数の方から、唾液の提供を受けた。もっとも、なかにはDNAの濃度が薄く、解析に用いることができない場合もあった。

2011年3月11日の東日本大震災によって、東北地方の太平洋沿岸部では多数の方が津波などの犠牲になった。日本政府はこのような大きな被害を受けた地域の振興をはかるために、東北大学にメディカルメガバンク機構を設立し、1000名余の宮城県在住者の全ゲノムDNA配列を決定した。これらの膨大なデータをもとにして、日本列島人に適したゲノム規模SNPを調べることができる「ジャポニカアレイ」が開発された。

開発の中心になった河合洋介氏は、わたしの研究室で以前2年間研究していたことがある。このようなよしみもあったので、わたしたちはジャポニカアレイを用いて、あらたな出雲人DNAを調べた。すると、最初調べた21名の倍以上にあたる45名を用いても、図46とほぼ同じ結果が得られたのである（図47）。なお、図47では、あらたに韓国人と南方中国人のデータもくわえてある。図46と図47で比べた集団の近縁関係も推定した。その結果、やはり関東ヤマト人のほうが、出雲ヤマト

図47：出雲ヤマト人45名を含む6集団の主成分分析の結果
（ジナムら、未発表より）

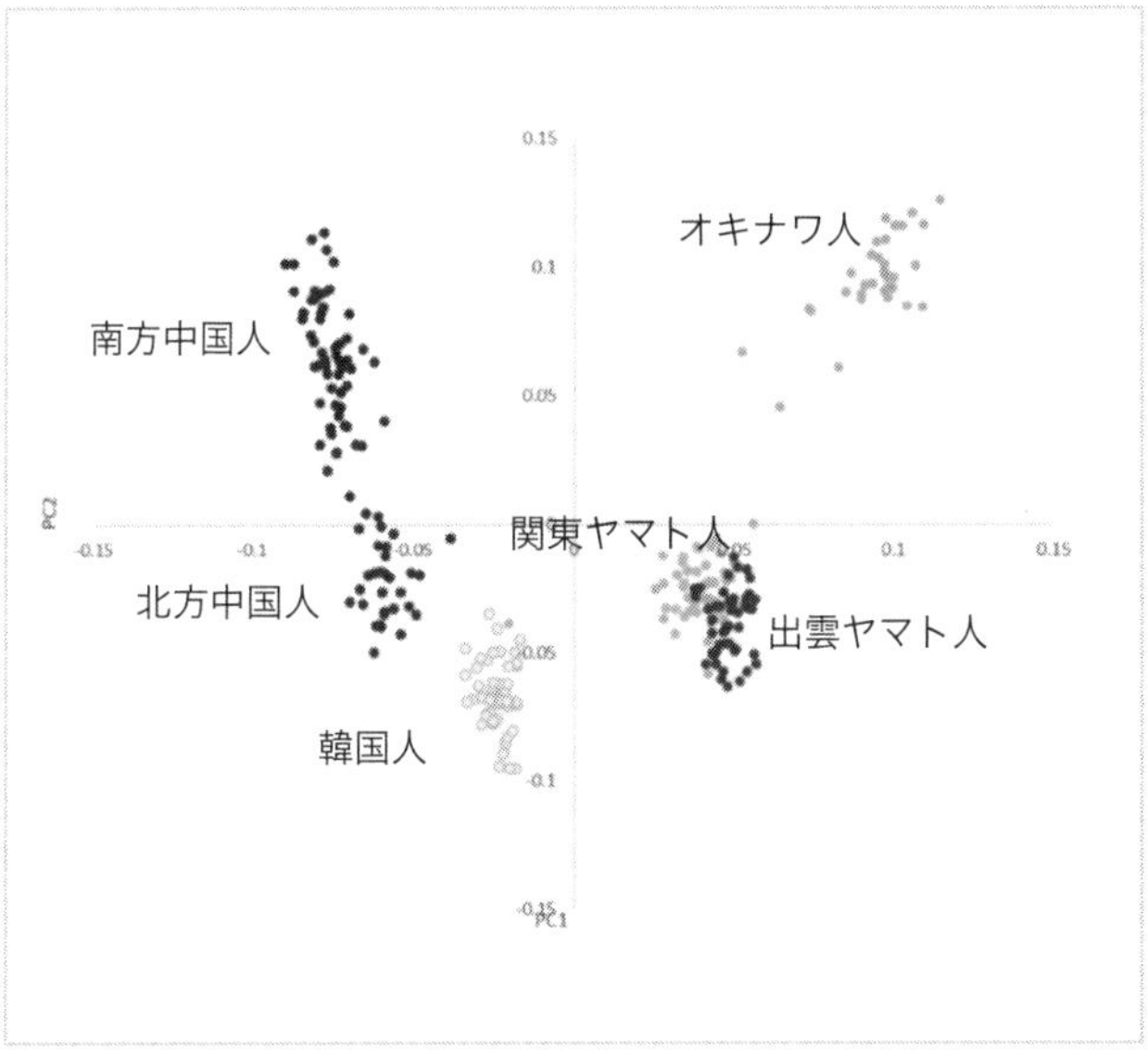

人よりもすこしだけ大陸の集団に近いという、主成分分析を用いた図46・図47と同じ結果が得られた。

ヒトゲノムのなかで、HLA（ヒト白血球抗原）とよばれる一連のタンパク質の遺伝子は、免疫系に関与しているために、きわめて遺伝的な多様性が高いことが知られている。国立遺伝学研究所の中岡博史と井ノ上逸朗らは、HLA領域の遺伝子における地域的な多様性を、日本列島の10地域（北海道、東北、関東、北陸、東海、近畿、中国、四国、九州、沖縄）について調べた。その結果、沖縄の集団が他の日本列島中央部の集団とは大きく異なっていた。

おもしろいことに、出雲を含む中国地

方からみると、もっとも近縁なのは東北地方だった。ここでも、中国地方に地理的に近い九州、四国、近畿よりも、もっと離れた東北地方との遺伝的近縁性がみいだされたのである。

こうなるとますます、中国地方に含まれる出雲と東北との遺伝的関連性が強まってくる。現代東北人はエミシの子孫であり、エミシはアイヌ人の祖先集団が東北から北海道に移ったあとにひろがったと考えられる。ということは、エミシと出雲はつながっていることになるではないか。

仮説としての「うちなる二重構造」

一方でわたしは以前から、大陸からの渡来が現在までとぎれなくつづいているのではないかとも考えていた。埴原和郎（１９９５）は大陸からの弥生時代以降の渡来人を8世紀までと考えているようだが、平安時代以降も、連綿と大陸からの渡来はあったのではなかろうか？

現在、日本における国際結婚は全婚姻の５％ほどに達しているが、そのうちのかなりの部分は韓国や中国の人々との婚姻である。現在でも渡来がつづいているのだ。鎖国していたといわれる江戸時代でも、民間レベルでの交流はあっただろう。それ以前も可能性がじゅうぶんにある。渡来人はどこに住みついただろうか？　現代の渡来人は東京、横浜、名古屋、大阪、福岡といった大都市を好むように思われる。だとすれば、この傾向は大昔からそうだったのではなかろうか？

すると、九州・四国・本州から構成される日本列島中央部は、博多から東京まで伸びる「中央軸」

図48：日本列島中央部の中央軸と周辺部分

とその周辺部にわけて考えるべきではないかというアイデアが浮かんだ。いわば、「うちなる二重構造」である。出雲は西日本に位置するが、山陰地方なので、中央軸ではなく、周辺部になる。東北地方も同じである。
図48に日本列島中央部の中央軸をしめした。この地域には、弥生時代以降現代まで、九州北部、ヤマト地域、京都・大阪、鎌倉、江戸・東京という、政治や文化の中心地がずらりとならんでいる。この図に類似した図は、2015年に刊行した『日本列島人の歴史』で発表している。

この「うちなる二重構造」を受け入れると、あたらしい仮説が生じる。同じ九州といっても、九州南部は周辺部ではないかというものだ。実際に、古代からこの地域には隼人《はやと》がおり、方言も九州北部とは大きく異なっている。そこで、日本列島人とは別の、南米先住民のDNA解析で共同研究を始めていた、鹿児島大学の園田俊郎名誉教授に連絡をとり、園田先生の出身地である枕崎《まくらざき》市の医師会を紹介していただいた。かつおで有名であり、JR九州の最南端駅があるところだ。

まず2015年1月にはじめて枕崎市におもむき、地元医師会の皆さんに講演を聞いていただいた。こうしてわたしたちの研究の趣旨を了解していただいたあと、国立遺伝学研究所のヒトゲノムDNA研究倫理審査の承認を得て、同年6月に再び枕崎市を訪れた。このときには、鹿児島駅からJR線に乗り、のんびりと枕崎に向かった。とちゅう、頴娃《えい》という名前の駅をみつけて、びりっときたものだ。これについては6章でまた触れる。

園田先生や枕崎市医師会の鮫島秀弥会長らの協力により、72名の協力者から採血できた。なおこれらの協力者は、祖父母が4名とも、枕崎市が含まれる南薩摩地方出身者である方に限定した。これら南薩摩ヤマト人のDNAも、ジャポニカアレイを用いて解析した。その結果、出雲ヤマト人と同じように、南薩摩ヤマト人も大陸の人々からは関東ヤマト人よりもやや離れていた。「うちなる二重構造モデル」がここでもあてはまるような気がしてきた。現在、詳細な解析を進めているところである。

図49：Admixtureで解析した結果（ジナムら、未発表より）

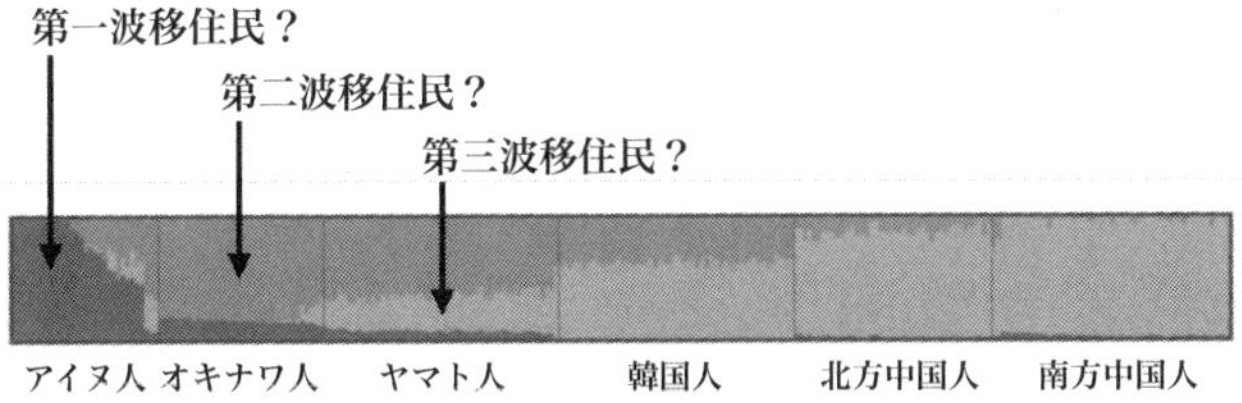

縄文人、弥生人、そしてもうひとつの集団がいた？

ヤマト人のなかに「うちなる二重構造」があるとすれば、ヤポネシア全体では、２種類ではなく、３種類の祖先集団が存在したことになる。そこで、４章の図40（B）で比較した東アジアの６集団の全個体が、仮想的な３個の祖先集団の混血だと仮定したときに、どのような割合になるのかを計算してみた。図49がその結果である。

アイヌ人の一部が１００％受け継いでいる祖先集団は、３章の結果からみても、縄文人あるいは旧石器時代から縄文時代にかけてヤポネシアに移住してきた、もっとも古い祖先集団だろう。一方、大多数の南方中国人（中国系シンガポール人）がほぼ１００％を受け継いでいる祖先集団は、弥生時代以降にヤポネシアに水田稲作をもたらした集団であった可能性がある。

すると、残りの祖先集団はなんだろうか？　この祖先集団のゲノムは、過半数のオキナワ人が80％以上を受け継いでおり、ヤマト人でも60％以上を占めている、もっとも割合が高い祖先集団である。興味深いことに、韓国人にもこの祖先集団のゲノムが30%ほど伝わっている。北方中国人（北京の漢族）ですら、10%前後が伝わっている。

この祖先集団が実在したものであれば、彼らこそ、うちなる二重構造をつくる土台だった可能性が出てくる。すなわち、二重構造モデルで「縄文」と「弥生」で象徴されるふたつの祖先集団の後者が2種類にわかれ、そのより古いほうではないかということだ。ちなみに、韓国のヒトゲノム研究者に最近この図49をみせたところ、韓国人は高句麗など北方由来の集団と中国から移住してきた南方由来の集団の2系統から構成されていると信じられているとのことである。

図49の第3祖先集団は、4章で示した図40（B）の主成分分析の結果のうちの第二主成分（上下軸）とよく対応している。アイヌ人を除くと、上から順に、オキナワ人、ヤマト人、韓国人、北方中国人、南方中国人とならんでいるが、これは図49の第3祖先集団の伝わった割合の高低にぴったり対応する。また、アイヌ人にもある程度この祖先集団のDNA要素を持った個体がある。

これは、第4章で論じたアイヌ人とヤマト人の祖先集団が混血した場所が東北地方であったならば、うなずけるパターンである。もっとも、図49をそのまま受け入れることはできない。オキナワ人の大部分に、第三波の渡来人と考えられる祖先集団の要素がまったくないからである。これはちょっと考えにくい。

ヤポネシアへの三段階渡来モデル

本書では、ここ10年たらずのあいだに急速に蓄積してきた新しく膨大な核ゲノムデータにもとづく解析結果を紹介してきた。このような結果をもとにして、わたしは「うちなる二重構造」を考え、それをもとにして、2015年に刊行した『日本列島人の歴史』の最後に、新しい日本列島人の形成モデルを提唱した。三段階の渡来の波を想定したこのモデルを以下に紹介する。なお、刊行から2年が経過したので、その間の新しい知見をもとに、モデルに若干の修正を加えている。

●第一段階（図50A）：約4万年前〜約4400年前（ヤポネシアの旧石器時代から縄文時代の中期まで：第3章の図19を参照）。

第一波の渡来民が、ユーラシアのいろいろな地域からさまざまな年代に、日本列島の南部、中央部、北部の全体にわたってやってきた。北から、千島列島、樺太島、朝鮮半島、東アジア中央部、台湾からというルートが考えられる。特に1万2000年ほど前までは氷河期であり、現在浅い海となっている部分は、当時は陸地だった（72ページの図18を参照されたい）。主要な渡来人は、現在の東ユーラシアに住んでいる人々とは大きくDNAが異なる系統の人々だったが、彼らの起源はまだ謎である。途中、採集狩猟段階にもかかわらず、1万6000年ほど前には縄文式土器の作成が始まり、歴史区分としては縄文時代が始まった。しかしこのモデルでは、ヤポネシアに居住してい

(B)

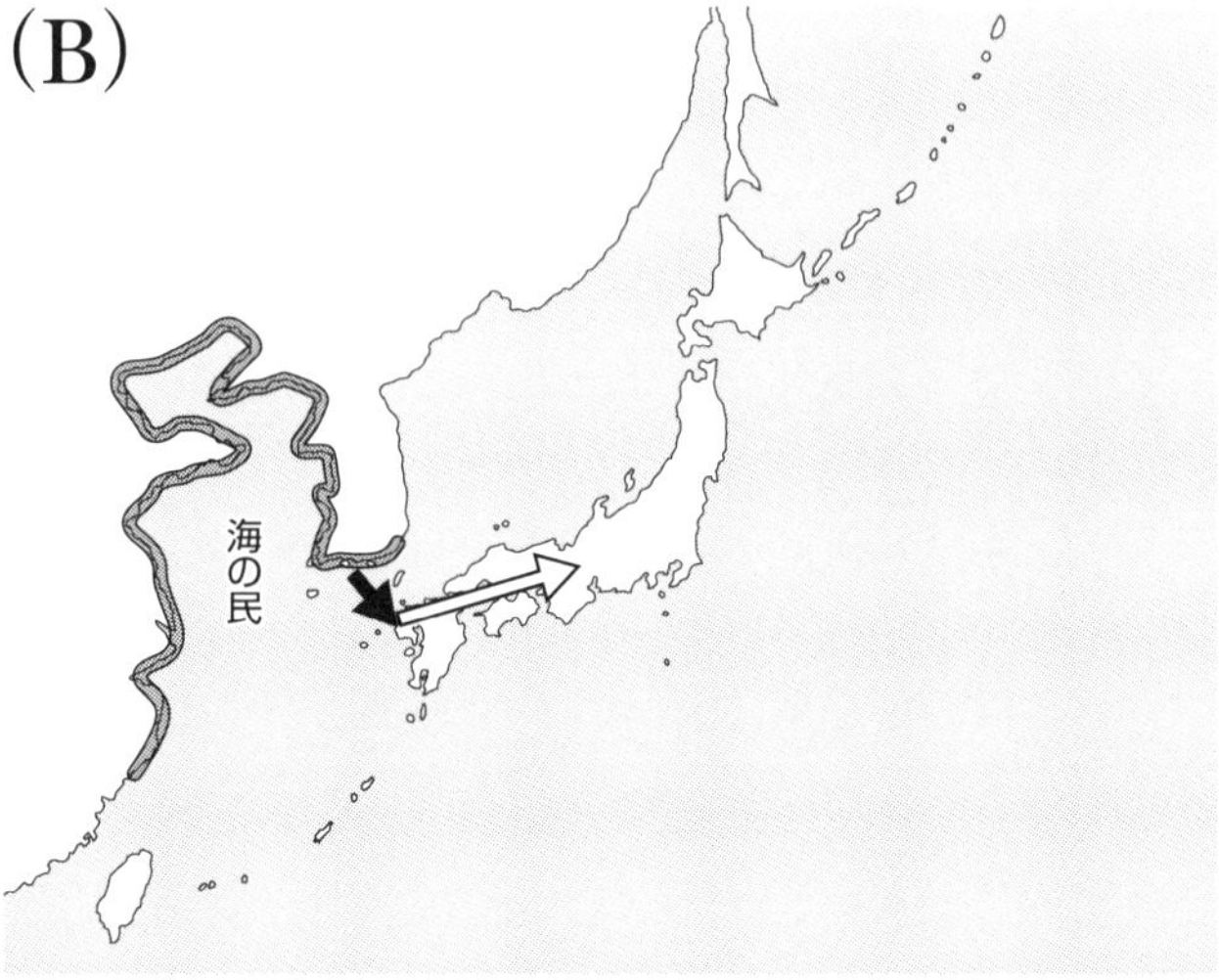

(D)

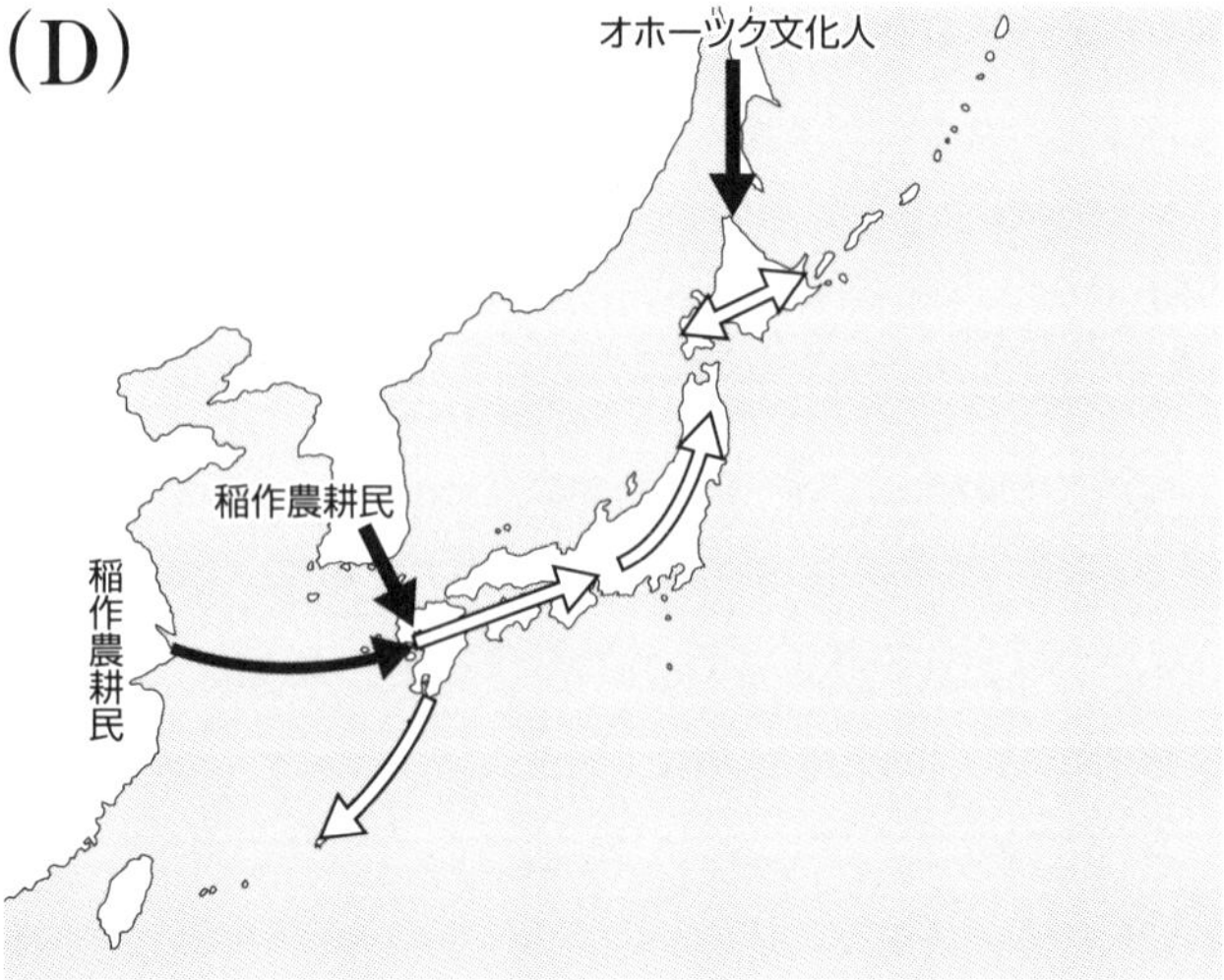

図50：ヤポネシアへの三段階渡来モデル（A）〜（D）

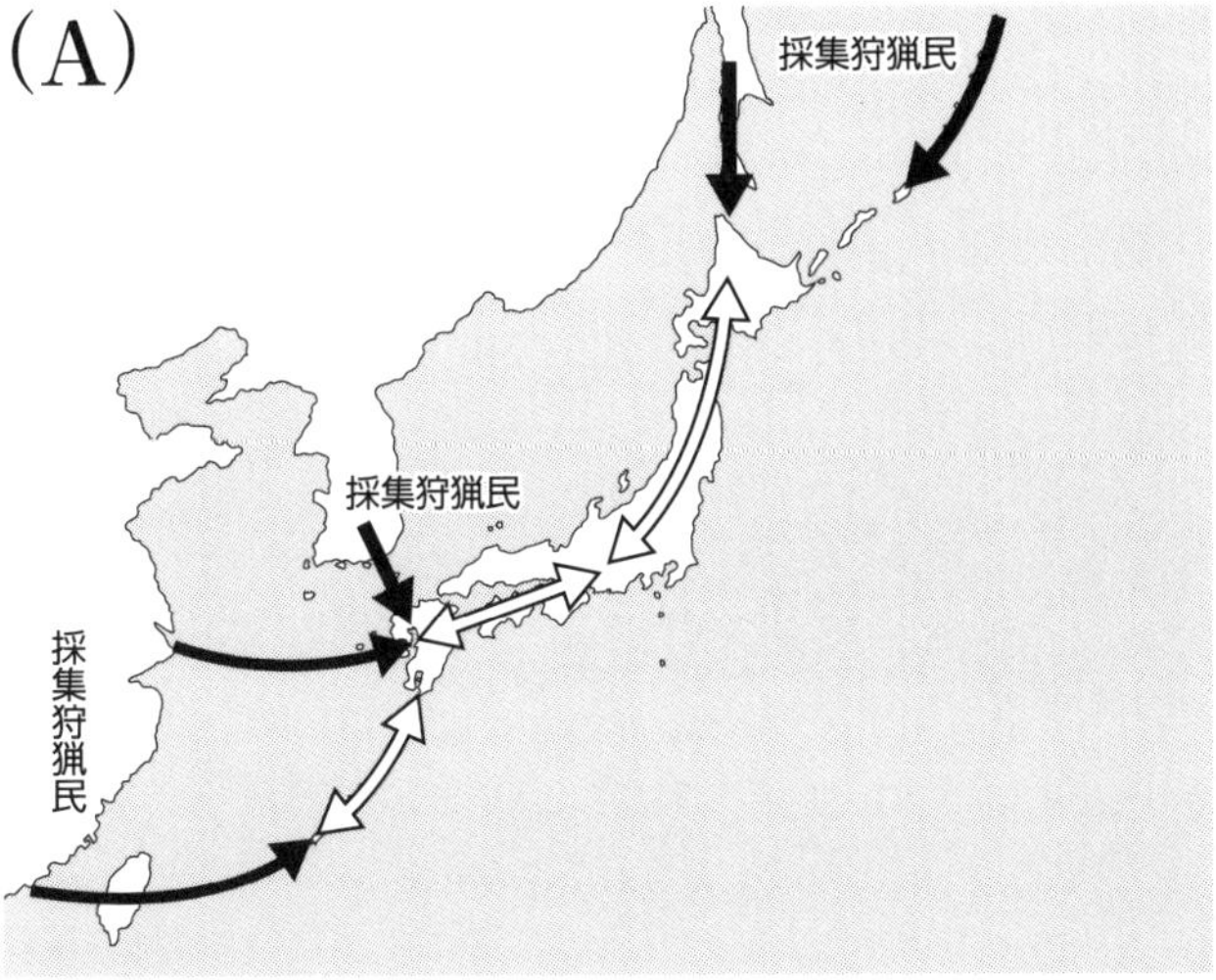

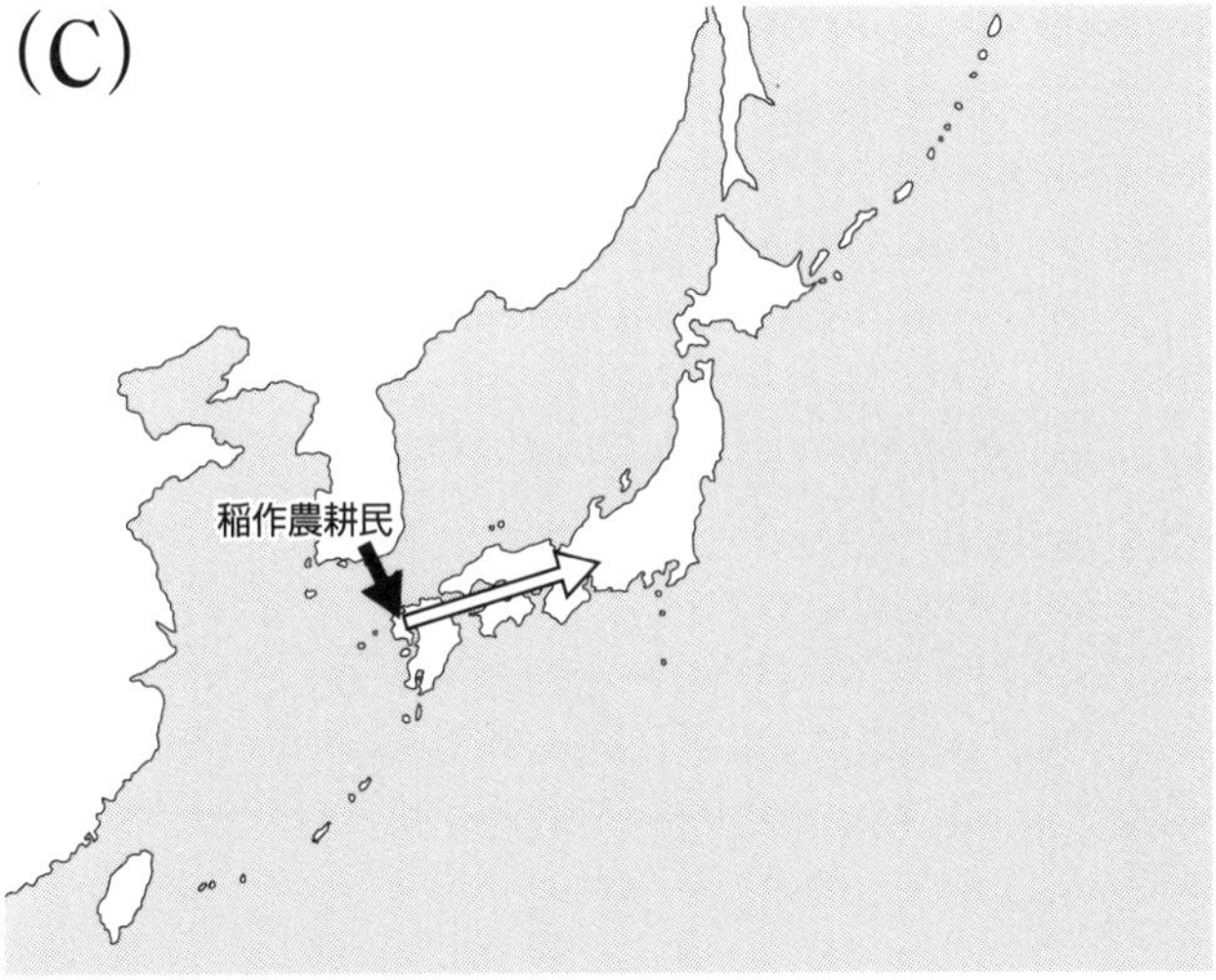

た人間は旧石器時代から連続していたと仮定している。

●第二段階（図50B）：約4400年前〜約3000年前（縄文時代の後期と晩期）。

日本列島の中央部に、第二の渡来民の波があった。彼らの起源の地ははっきりしないが、朝鮮半島、遼東半島、山東半島にかこまれた沿岸域およびその周辺の「海の民」だった可能性があると、『現代思想』（斎藤、2017）特集号に掲載された記事で指摘した。彼らは漁労を主とした採集狩猟民だったのか、あるいは後述する園耕民だったかもしれない。以下に登場する第三段階の、農耕民である渡来人とは、第一段階の渡来人に比べると、ずっと遺伝的に近縁だった。第二波渡来民の子孫は、日本列島の中央部の南部において、第一波渡来民の子孫と混血しながら、すこしずつ人口が増えていった。一方、日本列島中央部の北側地域と日本列島の北部および南部では、第二波の渡来民の影響はほとんどなかった。

●第三段階前半（図50C）：約3000年前〜約1700年前（弥生時代）。

弥生時代にはいると、朝鮮半島を中心としたユーラシア大陸から、第二波渡来民と遺伝的に近いがすこし異なる第三波の渡来民が日本列島に到来し、水田稲作などの技術を導入した。彼らとその子孫は、図48で示した日本列島中央部の中心軸にもっぱら沿って東に居住域を拡大し、急速に人口が増えていった。日本列島中央部中心軸の周辺では、第三派の渡来民およびその子孫との混血の程度がすくなく、第二波の渡来民のDNAがより濃く残っていった。日本列島の南部（南西諸島）と北部（北海道以北）および中央部の北部では、第三波渡来民の影響はほとんどなかった。

●第三段階後半（図50D）：約1700年前～現在（古墳時代以降）。

第三波の渡来民が、ひきつづき朝鮮半島を中心としたユーラシア大陸から移住した。日本列島中央部の政治の中心が九州北部から現在の近畿地方に移り、現在の上海周辺にあたる地域からも少数ながら渡来民が来るようになった。それまで東北地方に居住していた第一波の渡来民の子孫は、古墳時代に大部分が北海道に移っていった。その空白を埋めるようにして、第二波渡来民の子孫を中心とする人々が北上して東北地方に居住した。日本列島南部では、グスク時代の前後に、おもに九州南部から、第二波渡来人のゲノムをおもに受け継いだヤマト人の集団が多数移住し、さらに江戸時代以降には第三波の渡来民系の人々もくわわって、現在のオキナワ人が形成された。

日本列島北部では、古墳時代から平安時代にかけて、北海道の北部に渡来したオホーツク文化人と第一波渡来民の子孫のあいだの遺伝的交流があり、アイヌ人が形成された。江戸時代以降は、アイヌ人とヤマト人との混血が進んだ。

三段階渡来モデルに類似した考え方

日本列島人を大きくとらえると、北部のアイヌ人と南部のオキナワ人には、ヤマト人と異なる共通性が残っており、この部分は、新・旧ふたつの渡来の波で日本列島人の成立を説明しようとした

「二重構造モデル」と同一である。図50のモデルが新しいのは、二重構造モデルでひとつに考えていた新しい渡来人を、第二段階と第三段階にわけたところだ。このため、日本列島中央部のヤマト人に限っていえば、「うちなる二重構造」が存在していることにある。

この三段階渡来モデルは、わたしたちのDNA研究の結果から提案したものだが、他の研究分野でも似たような考え方が提唱されている。

エルヴィン・ベルツは、4章で紹介したように、ヤマト人を長州型と薩摩型に分けた。三段階渡来モデルにあてはめると、長州型がもっぱら第三段階渡来民の子孫に、薩摩型はもっぱら第二段階渡来民の子孫に対応するかもしれない。鳥居龍蔵の多重渡来説も、類似した点がある。

また、藤尾慎一郎は『〈新〉弥生時代』において、弥生時代の日本列島に、農耕民、採集狩猟民、園耕民という3種類の生業《せいぎょう》を持つ人々を想定している。農耕民は水田稲作や畑作などの農耕を主たる生業とする人々であり、採集狩猟民は縄文時代以来の生業を持つ人々だ。三番目の園耕民とは、農耕はおこなっているが主たる生業ではなく、採集狩猟も生業としている人々である。採集狩猟民が園耕民に変化し、さらに朝鮮半島など大陸からの渡来民の子孫である農耕民と混血して、日本列島中央部のほぼ全体が、1000年ほどかけてゆっくりと農耕を主たる生業にしてゆくのが弥生時代だという仮説だ。

3章において、ヤマト人における縄文人ゲノムの割合を22～53%と推定した中込滋らの研究結果を紹介した。彼らは、集団分化についての特定のモデルを仮定して、土着縄文人と大陸からの渡来人との混血が生じた年代なども計算した。その結果、現代人のDNAデータからもっともあてはまるのは、混血が229世代前だった。1世代を25年とすれば5725年前であり、30年であれば6870年前である。推定幅も考慮すると、3000～9000年前に混血が始まったことになる。ただし、ここで考えている「縄文人」の系統は、アイヌ人の直接の祖先集団とは600世代ほど前（1万5000～1万8000年前）に分岐したと推定されている。渡来人が混血した相手が西日本の縄文人だったとしたら、アイヌ人の祖先のひとつだった東日本の縄文時代人とは大きく系統的に異なることになる。この論文の共著者である北里大学医学部の太田博樹准教授は、私が三段階渡来説を提唱したあとに、あるいはこの古い時代に推定された混血は、第二段階の渡来人と西日本の縄文人との混血をしめしているのかもしれないと語っている。

本章で紹介したように、現在の日本列島に住む人々のDNAを調べた研究から、日本列島中央部に主として居住しているヤマト人のなかにも、遺伝的な多様性があるらしいことがうかびあがりつつある。農耕民と園耕民という、生業の異なる2種類の人々がかつて日本列島に存在していたとしたら、遺伝的にもすこし異なっていたのかもしれない。

出雲人のDNA研究結果を紹介したところで登場した、日本神話に登場する国津神と天津神は、それぞれ第二段階と第三段階の渡来人の象徴的呼び方であるといえるのではなかろうか。二重構造モデルによれば、国津神は縄文系の人々ということになるが、国津神と天津神は、それほど大きな違いはなかったように思われる。考古学的データを神話に重ねあわせると、アマテラス以降の神話の世界は、西暦ゼロ年前後のころに始まった可能性がある。

この時代は弥生時代が始まってから1000年ほど経過しており、朝鮮半島や大陸の他の地域から、すこしずつ渡来人がきていたと思われるので、国津神と天津神の違いは、あるいは第三段階渡来人の多様性ないし、第二段階・第三段階との混血の程度の違いなのかもしれない。今後の研究が待たれる。

北海道大学地球環境科学研究科の鈴木仁教授のグループは、2017年に発表した論文で、4000年ほど前に東アジア南部からカスタネウス亜種が、2000年ほど前に朝鮮半島からムスクルス亜種が日本列島に移住してきたと推定した。ミトコンドリアDNAと核DNAの解析から得られたこれらのマウスの移動時期は、ヒトの第二段階と第三段階の日本列島への渡来と対応している可能性がある。このように、ヒトとともに動く動植物のゲノムを調べる研究も、日本列島人の源流に重要な示唆をあたえてくれるのである。

6章

多様な手法による源流さがし

Y染色体、ミトコンドリア、血液型、言語、地名から探る

Y染色体の系統からのアプローチ

本書では、これまでもっぱら細胞核内の常染色体にあるDNAの膨大なデータをもとにして日本列島人の遺伝的構成の変化を論じてきた。ここで、ヒトゲノムのDNA配列が使われて革命的変化がおこるまで、人類進化の研究にもっぱら使われてきたDNAのうち、男性のみが有するY染色体の研究についてまず紹介する。なお、Y染色体やミトコンドリアDNAの研究では、ハプログループやハプロタイプといった専門用語が使われることが多いが、多くの読者にはぴんとこないと思われるので、本章では、これらと類似の意味である「系統」という表現を用いる。

本書の4章で紹介したアイヌ人のDNA解析に用いたDNAは、宝来聰・田島敦らがY染色体の研究に用いたものである。彼らは、日本列島の3集団（アイヌ人、ヤマト人、オキナワ人）すべてで、特異なD系統が存在し、周辺の集団には存在しないことを示した。しかも、アイヌ人で88%、オキナワ人で56%という高い頻度をしめすのに対して、ヤマト人では30%前後の頻度にとどまっていた。

それとは対照的に、東アジアから東南アジアにおいてひろくみいだされるO系統は、ヤマト人では50%以上の頻度だったが、アイヌ人では0%であり、オキナワ人でも38%にとどまっていた。なお、日本列島人に特異なD系統は、チベット人とアンダマン諸島人でも、低い頻度ながらみつかっている。２００４年に宝来が死去したあとに、彼の共同研究者だった米国の研究者が中心となって、

Y染色体をもっと多くの人類集団でくわしく調べた論文を発表した。基本的には同じような結果だったが、地理的に日本列島に近い韓国人よりも、チベット人のほうが、ヤマト人に近縁だった。前述したD系統がチベット人でも存在していることの影響かもしれない。

２０１６年に、英国の研究者を中心としたグループが、Y染色体のDNA塩基配列を世界のいろいろな集団の男性１２４４名についてくわしく調べた結果が発表された。そのなかには、東京在住の日本列島人が56名含まれている。これらの日本列島人のY染色体は、C系統6名、D系統20名、O系統30名の３種類の系統にわかれる。

図51に、現在知られている現代人のY染色体の系統樹を、日本人に特有なタイプを中心に簡略化して示した。この系統樹には、２０１３年にアフリカ系米国人から発見された、他の系統と大きく異なるＡ００系統も含めている。

日本列島人男性のなかで半分以上を占める、もっとも頻度が高いO系統は、東アジアと東南アジア全体で頻度が高い。このため、弥生時代以降に稲作を伝えた人々のなかには、O系統が多かった可能性がある。

Y染色体を調べた２０１６年の論文では、O系統はＯ１、Ｏ２、Ｏ３に細分類されているが、掲載されている系統樹をみると、O系統である30名の日本列島人を議論する場合には、Ｏ２はさらに２種類にわけるべきなので、ここではそれらをＯ２－１とＯ２－２とよぶ。これら4種類の小系統

図51：現代人Y染色体の系統樹

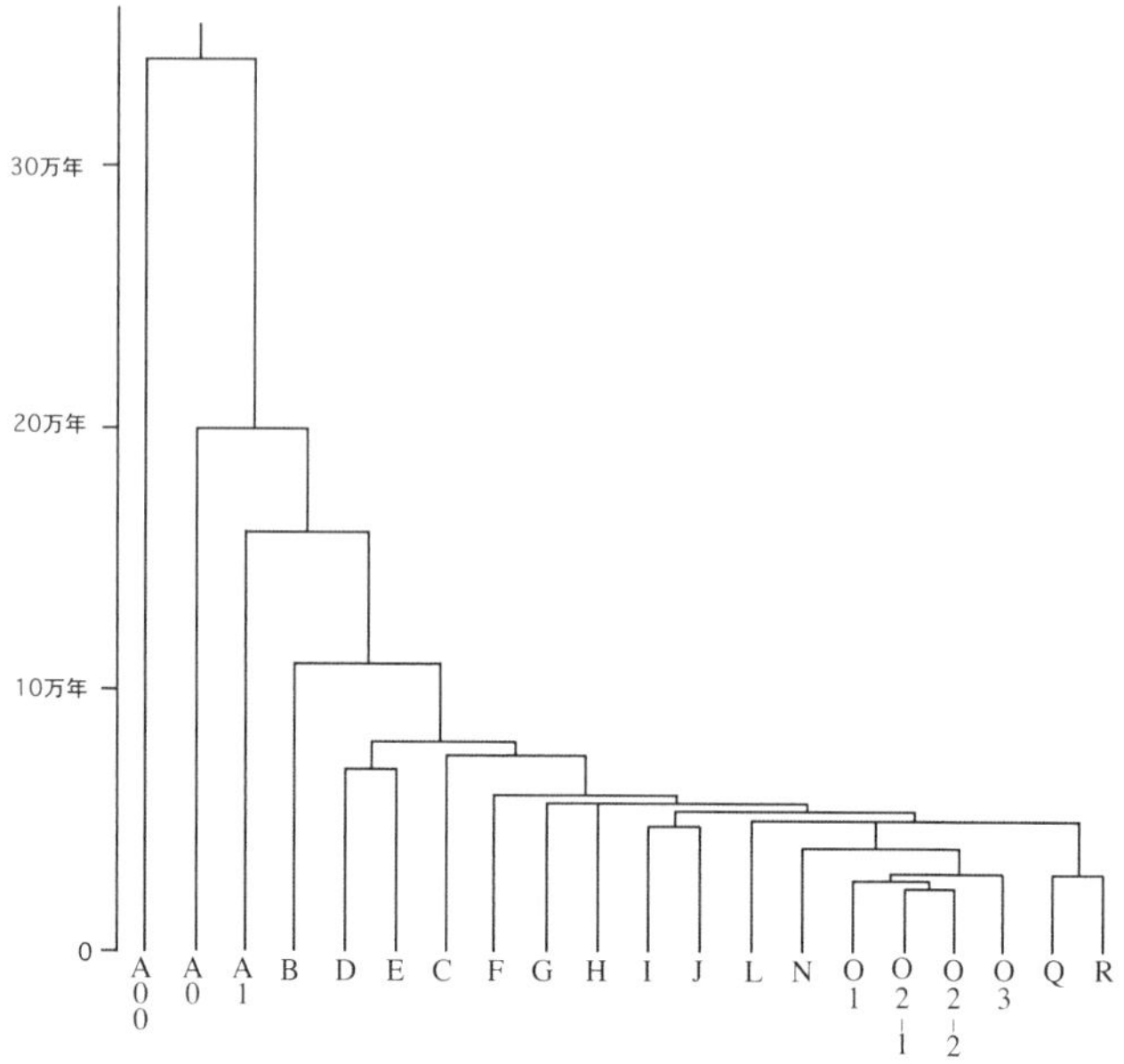

のなかで、日本列島人はＯ１がゼロ、Ｏ２－１が18名、Ｏ２－２が２名、Ｏ３が10名である。

Ｏ１系統は、東アジアと東南アジアの大陸部の４集団のみに分布している。Ｏ２－１系統を持つのは大部分が日本列島人であり、それ以外では北京の中国人と中国系シンガポール人だけだった。

一方、Ｏ２－２系統は、東南アジアと東アジアにひろく分布しているが、この系統に含まれる２名の日本列島人と系統的に近かったのは、一方は北京の中国人であり、もう一方は中国南部のダイ族だった。

Ｏ３系統はＯの系統のなかではもっ

とも個体数が多く、O2－2系統の分布と似かよっていた。日本列島人10名はO3系統のなかに散らばっており、特に明確なグループは形成していない。

D系統は、世界で1200人以上が調べられたなかで、日本列島人だけにみいだされている。前述したように、世界のその他の地域では、ユーラシア大陸の高地に住むチベット人と、インド洋のアンダマン諸島人だけがこの系統のY染色体を高い頻度で持っている。

このように地域的に大きくへだたった3集団が持っているので、このY染色体の系統は、かなり古い時代に生じたものだと予想されるが、実際にD系統は、出アフリカの前後に他の系統から分岐している。これは、核ゲノムDNA解析から得られた、縄文人の祖先がきわめて特異な集団だったという推定を思いださせるものだ。なお、D系統ともっとも系統的に近いのはE系統であり、この系統に含まれる人間の多くは、アフリカに分布している。

3系統のなかでは日本列島人でもっとも頻度が低いC系統は、東アジア、東南アジア、南アジアに分布している。C系統はC1、C3、C5に細分化（図51では省略）されているが、C1は日本人4個体のみ、C3は日本人2個体を含むが、O系統に似た分布をとり、C5は南インドにのみ分布している。

Y染色体の系統が日本列島でどのように分布しているかについての、もっとも詳細な研究結果が佐藤陽一・中堀豊のグループによって、2014年に発表された。日本列島人にみられるC、D、

O系統を中心にして、全部で16に細分化した系統の頻度が、長崎市、福岡市、徳島市、大阪市、金沢市、川崎市、札幌市の合計2390名の男性について調査された。

明瞭な地域差は発見されなかったが、おもに大都市に居住する人々を調べたからだと思われる。ただ、この研究により、日本列島人のなかでもっとも頻度が高いY染色体の系統がO2b1（22％）であり、D2a1（17％）、D2＊（15％）、O2b＊（10％）がつづくことがあきらかになった。

これら4系統だけで、日本列島のY染色体の半数以上が含まれている。なお、日本列島のお隣の韓国人男性545人におけるY染色体の系統の頻度を調べた最近の研究によれば、O系統では日本列島人と同じくO2b系統の頻度が高かったが、D系統はまったくみられない一方で、C系統では日本列島人にはみられないC2が韓国人では頻度が高かった。

ミトコンドリアDNAの系統からのアプローチ

今度は、母系遺伝をするミトコンドリアDNAの研究について、日本列島人を中心に論じる。宝来聰・田島敦のグループは、アイヌ人、ヤマト人、オキナワ人を含むアジアの16集団、合計1154名について、変異が高いことが知られているミトコンドリアDNAの563塩基領域の配列を決定して解析した。その結果、ミトコンドリアDNAのデータからみて、アイヌ人に系統的にもっとも近いのは、樺太島北部に居住するニブヒ人だった。これは、Y染色体の系統の頻度分布とは、まった
く異なるものである。

同年、田中雅嗣《まさし》（当時、岐阜国際バイオテクノロジー研究所）のグループが、日本人（ヤマト人）672名のミトコンドリアDNA全配列（約1万6500塩基）を決定した。この論文のあとも、日本人のミトコンドリアDNA完全配列は決定されつづけているが、それでも2017年6月現在でDNAデータベースに登録されているのは、1000名をすこし超えた程度であり、田中らが決定したデータは現在でも貴重である。田中らは、完全配列だけでなく部分配列からもハプロタイプを推定し、合計1312個体から61系統を報告している。

そのなかでも19％と、ヤマト人でもっとも頻度が高いD4系統は、東アジア、東南アジア、中央アジア、シベリアの集団でも頻度が10％を超えるものがあるが、オキナワ人ではわずか2％である。Y染色体のO系統と似た分布なので、あるいは水田稲作を日本列島に導入した弥生時代以降の渡来人がもたらした系統なのかもしれない。

ヤマト人で7％と、次に頻度が高いM7a系統は、アイヌ人とオキナワ人で10％を超えているが、アジアの他の集団ではもっとも高いのがフィリピン人の6％である。東北地方の縄文人では、M7a系統が30％ほどの頻度で発見されているので、この系統は縄文人から受け継いだ可能性がある。田中らは集団間の近縁性も、2種類の尺度を使って推定しているが、おたがいの結果がかなり異なっており、はっきりした結論は得られていない。

ミトコンドリアDNAの場合、母親から子供に、1万6500塩基の環状のDNAの情報がまとまって伝わるので、核内の染色体とは比較にならないほど、情報量がすくないことに注意すべきであろう。

Y染色体は、塩基数はミトコンドリアDNAよりはずっと長いが、その大部分が父親から息子にまとまって伝わる性質があるので、常染色体のDNAに比べると、情報量はぐっとすくなくなる。ミトコンドリアDNAは母系遺伝であり、Y染色体は父系遺伝なので、系統の頻度分布がおたがいに異なるのは、女性の移動と男性の移動のパターンが異なるためだという説明がされることがある。多少はその影響があるかもしれないが、それよりも、Y染色体とミトコンドリアDNAが、どちらもそれぞれ単一の系統樹だけの情報しかないことが問題だろう。

また、系統も、細分化したりまとめたりすると、頻度は当然ながら変化する。たとえば、田中らはDの系統を10個にわけたが、そのなかのD4系統は、ヤマト人とオキナワ人においてそれぞれ19%と2%であり、大きく違っていた。しかし、篠田謙一(2015)は田中らのデータを全部まとめてD系統とし、その頻度がオキナワ人のD系統の頻度とほとんど同じであることを示している。

都道府県別のミトコンドリアDNAデータが支持する「うちなる二重構造」

最近、わたしたちの研究グループは、日本全体延べ1万8641名における、ミトコンドリアD

NA14系統についての、47都道府県の頻度情報を解析する機会を得た。ジェネシスヘルスケア社より提供を受けたものである。

これら膨大なデータから得られた情報を分析した結果は、興味深いことに、本書の5章で紹介した、ヤマト人の「うちなる二重構造」モデルを支持するものだった。

図52は、主成分分析の結果だが、右側には鳥取県、福井県、島根県、山形県といった日本海側にある県や、高知県、熊本県、大分県、長崎県、佐賀県といった太平洋側と九州南部にある県が位置している。また、沖縄県人のミトコンドリア頻度パターンが、島根県人と類似している。

図の右に分布している県の多くは、5章の図50でしめした日本列島中央軸に位置していない周辺の県になっている一方、図の左側に分布しているのは、東京都、神奈川県、千葉県、大阪府、埼玉県、静岡県、兵庫県、愛知県、福岡県、京都府と、日本列島中央軸に分布している。

図52で下線を付した25道県を日本列島の周辺部として、これらが実際に第一主成分の右側に偏っていることを、統計検定してみた。47都道府県を、第一主成分の右側24県（大きな文字で示している）、左側23県とほぼ等分してみると、下線付きの県（周辺部を構成）が右側には18（75%）、左側には7（30%）という分布になる。これらの数字を、2×2検定という統計手法を用いると、これら左右の分布の偏りが偶然生じる確率は0・5%未満であり、統計的に高度に有意だった。すなわち、日本列島中央部の「うちなる二重構造」モデルを支持するという結果になった。

主成分の位置に大きな貢献をしているのは、縄文系を含むかもしれないM7系統の頻度である。全国平均は14%だが、沖縄県、宮崎県、長崎県、島根県、青森県では頻度が20%を超えている。一方、弥生系を含むかもしれないD系統は、全国平均は39%だが、青森県、山形県、福井県、滋賀県、鳥取県、佐賀県、長崎県では30%未満となっている。また、全国平均が13%であるB系統は、福井

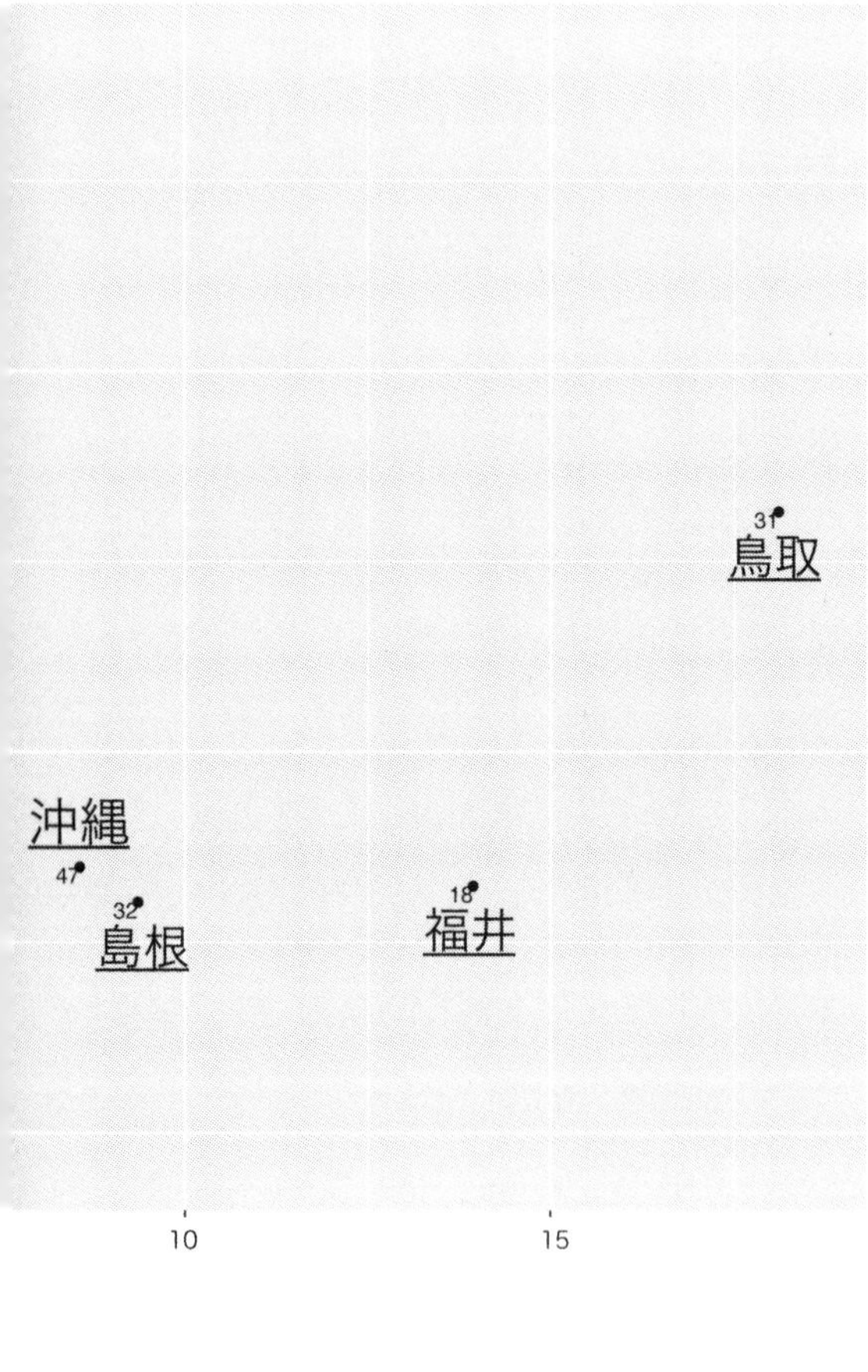

図52：日本47都道府県のミトコンドリアDNAの系統頻度にもとづく主成分分析結果
（ジェネシスヘルスケア社の提供したデータにもとづく）

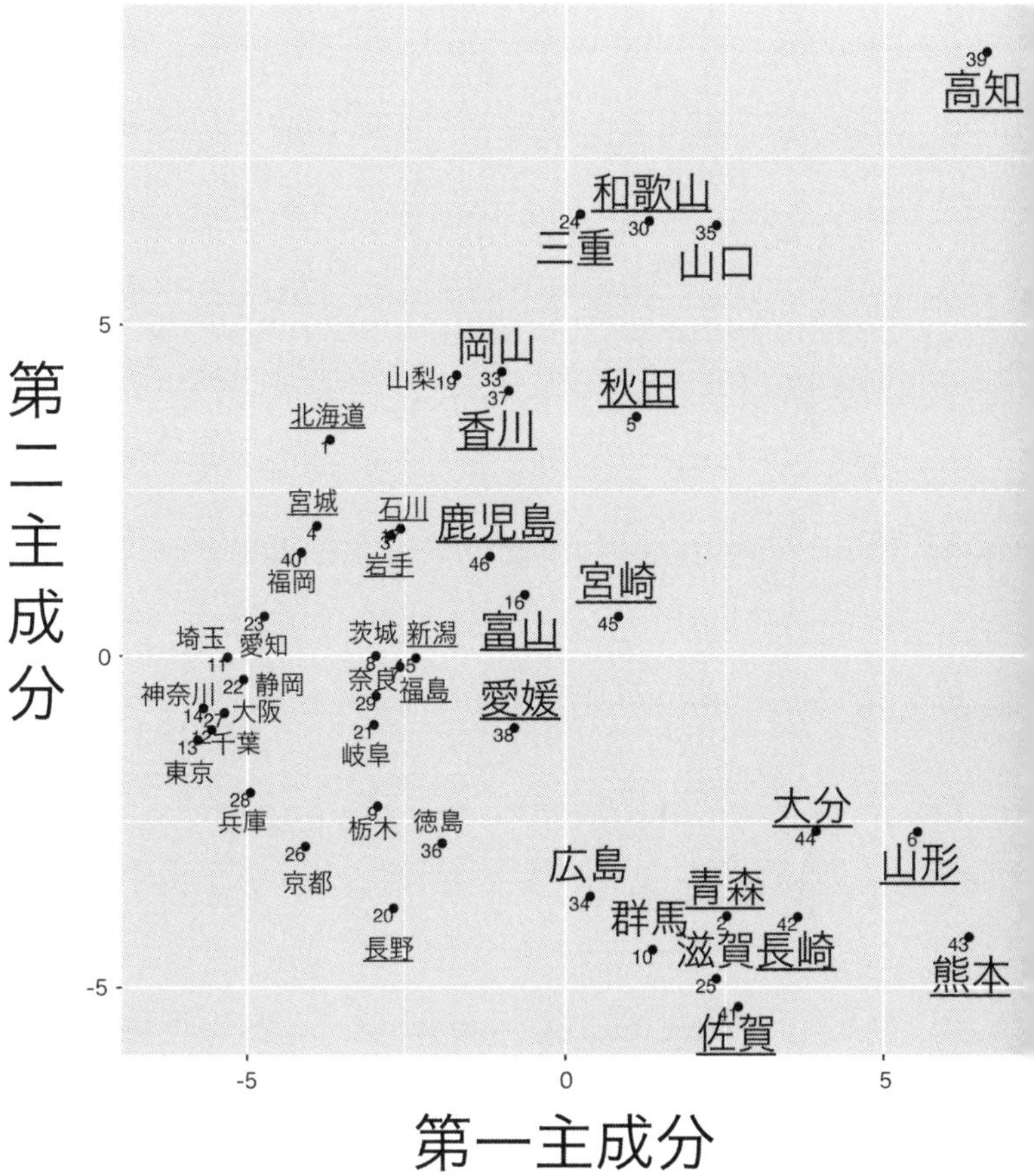

県、鳥取県、熊本県、大分県で頻度が20％を超えている。これらの頻度分布によって、図52の主成分分析の結果が得られている。

日本列島の北部と南部に位置する北海道と沖縄県については、前者は札幌周辺居住者と考えれば、関東の人々と遺伝的に近いことが予想されるし、沖縄県については、5章の図49でしめしたように、日本列島への移住の第二の波に由来する祖先集団の割合が、過半数のオキナワ人で80％を超えているので、日本列島中央部の周辺と沖縄は共通性があることが予想される。ミトコンドリアＤＮＡの系統頻度情報からも、それが確かめられたということだろう。

ABO式血液型遺伝子の頻度分布

日本列島中央部の遺伝的多様性については、ＡＢＯ式血液型の対立遺伝子頻度に南北の地理的勾配があることが、昔から知られている。１９７８年に藤田よし子・谷村雅子・田中克巳が発表した論文には、４４６万人の日本人（沖縄県を除く）の検査結果をもとにした詳細な頻度データが掲載されている。

これらの頻度分布に、中嶋八良《はちろう》ら（１９６７）と三澤《みさわ》章吾《しようご》ら（１９７４）によって調べられたオキナワ人のデータ（47-1と47-2：それぞれ沖縄本島と石垣島での調査結果）をくわえたものを、図53にしめした。アイヌ人の頻度は、集団によって大きくことなるので、ここでは議論にくわえなかっ

図53：ABO式血液型の遺伝子頻度の地理的分布

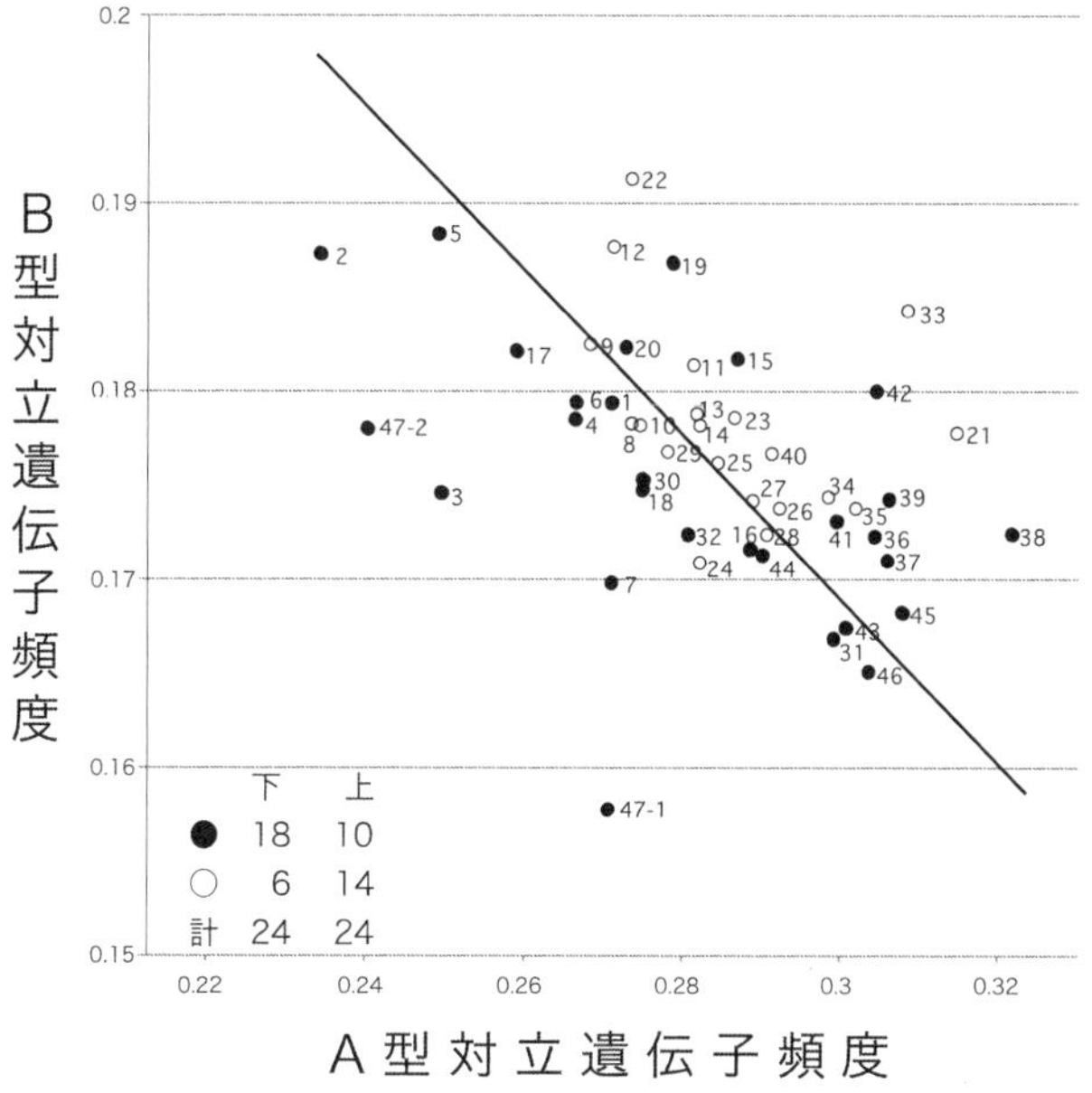

た。

図53では、横軸にA型対立遺伝子の頻度を、縦軸にB型対立遺伝子の頻度を設定して図表化した。図52で下線を引いた、日本列島の周辺地域の道県（沖縄は2地点）を黒丸で、日本列島中央軸の都府県を白丸でしめしてある。都道府県の番号は、図52と同一である。

基本的には、日本列島の北ではA型の頻度が低くB型の頻度が高いという南北の遺伝子頻度勾配がみとめられたが、図53の斜めの線の上下でわけて考えると、下の部分、すなわちO型対立遺伝子の頻度が高い地域は24地点中18地点（75％）が日本列島の周辺部であり、上の部分に含まれる24地点では、

10地点（24％）が日本列島の周辺部だった。

これらの分布も、ミトコンドリアDNAの結果と同じように2×2検定をすると、2％レベルで統計的に有意だという結果になった。すなわち、日本列島の周辺部では、O型対立遺伝子の頻度が高い傾向があり、これも三段階渡来モデルが予測する「うちなる二重構造」を支持していた。

すると、第二段階の渡来人は、第三段階の水田稲作をもたらした渡来人よりも、O型対立遺伝子の頻度が高かった可能性がある。日本列島の周辺において、O型対立遺伝子の頻度が東アジアの中心地域よりも高い地域は、東南アジアとシベリアである。第二段階の渡来人は、これらの地域に分布している人々のどれかに、遺伝的には若干近縁なのかもしれない。

日本列島で話されてきた言語

本書では、おもに核DNAのデータをもとにして、日本列島人の起源や成立について議論してきた。この問題を研究するのは、伝統的には骨や歯の形態比較が中心だったが、文化の側面からも、長いあいだ議論されてきた。いろいろな文化要素のなかでも、言語は多数の単語や文法体系というまとまりを持って伝えられるので，ふたつの言語がある程度似ているとわかれば，両者のあいだに過去になんらかの関係があった可能性を論じることができる。

チャールズ・ダーウィンは、人間の遺伝的系統関係を調べれば言語の系統関係がおのずと明らかになるはずだと予言した。日本列島人がこれまでに話してきた言語には、主として日本語、琉球語、アイヌ語がある。これら3言語のあいだの相互関係や、他の言語との関係はどうなっているだろうか？

ひとつむずかしい問題は、言語が置換してしまうことがあることだ。中南米で現在ひろく話されているスペイン語やポルトガル語は、コロンブス以降に新大陸のあちこちを征服していったイベリア半島の人々がひろめたものだが、これらはかつての支配者の言語であり、それまで中南米の先住民が話していた言語とは、まったく異なるものだった。このように、軍事的あるいは政治的支配者の言語がひろまってゆくと考えるモデルを、「エリート・ドミナンス」とよぶ。

沖縄の言語（琉球語）は、日本語のなかの沖縄方言とみなされることもあるが、おそらく大和朝廷の支配がおよんだことによって、それまでの言葉と置換したのが、琉球語の始まりだったと考えられる。

一方、農耕がひろまるにつれて農耕民の言語が平和裏にひろがるというモデルも提唱されている。採集狩猟段階から農耕牧畜段階になると、ある地域に住むことができる人口が増大するので、人口増加がおこる。このため、すくなくとも遺伝子については、新天地にひろがっていった農耕民とその子孫の遺伝子が、従来少人数で暮らしてきた採集狩猟民を凌駕《りょうが》することが一般的である。

本稿でみてきたように、ヒトのＤＮＡについては、日本列島でもこの考え方があてはまる。しかし、言語についても同じパターンがあてはまるのかどうかは、議論がわかれる。農耕技術の導入には、少数の人々しか必要なければ、技術だけがひろまり、言語は置換されない可能性があるからだ。

言語がひろがってゆくもうひとつのパターンは、無人の地への進出である。わたしが2015年に発表した『日本列島人の歴史』では、この「無人の地への進出」モデルを念頭にして、日本語祖語が、縄文時代の後期から晩期（4400〜3000年前ごろ）にかけて、日本列島外のどこかから日本列島に渡来人によってもたらされ、当時人口がきわめて低かった九州北部から中国四国地方にかけてひろまっていったと提唱した。

2017年6月刊行の『現代思想』に掲載された小文では、日本語祖語をもたらしたかもしれないこの渡来民を「海の民」となづけた。彼らは、その後水田稲作をもたらした弥生時代以降の渡来民とは、遺伝的系統がすこし異なっているが、旧石器時代から縄文時代にかけての渡来人がもとになって成立した縄文時代人よりも、おたがいには近いと、わたしは考えている。

もっとも、弥生時代が始まってからすでに3000年が経過している。あるいは、日本語祖語を話していた第二段階の渡来民が、同時に稲作農耕を日本に持ちこんだのかもしれない。この場合、第三段階の渡来民は、弥生時代が始まってからずっとあとになって日本列島に渡来してきた人々ということになる。第二段階と第三段階の渡来時期については、今後の古代人ゲノムや現代人ゲノムの研究成果の蓄積を待って、どちらが蓋然性《がいぜんせい》があるのか、探究してゆきたい。

一方、日本語・琉球語の祖語がどのような系統の言語であったのかは、アイヌ語の系統とともに依然として謎であり、今後の言語学者の研究に期待したい。なお、長田俊樹編による日本語の起源をめぐる論文集が、２０１８年に出版される予定である。言語学者にまじって、私もゲノムと言語の関係を論じた考察を寄せることになっている。

地名からのアプローチ

東北地方に、ナイやベツでおわるアイヌ語地名が多数現存することを4章で紹介したが、地名は長く残存する傾向があるので、過去のすがたをかいまみることができる可能性がある。

わたしは、２０１５年に『歴史研究』で「むかしのクニの名前は短かったのでは？」という小文を発表した。現在の都道府県、旧国名、旧国名が分割される前の国名、さらには魏志倭人伝《ぎしわじんでん》に登場する倭の国々という四段階を考えて、名前の発音での長さが、古くなるほど短くなる傾向にあることをしめした。

図54に、これら4段階における名前の音数（かなであらわした場合の仮名文字数）の平均値Mと、2音または1音のクニの割合Pをしめした。時代的には、3世紀の邪馬台国から現代までの、２０００年近い変化を調べたことになる。魏志倭人伝に登場する国々の読み方については、長田夏樹『邪馬台国の言語』による推定を用いた。

図54：クニの名前の音数の変遷

20-21世紀	（都道府県）	M＝3.4	P＝13%（ 6/47）
7-19世紀	（分断後の旧国）	M＝2.8	P＝32%（21/66）
5－6世紀	（分断前の旧国）	M＝2.6	P＝43%（20/46）
3世紀	（魏志倭人伝の国）	M＝2.4	P＝61%（11/18）

M＝平均仮名文字数
P＝2カナまたは1カナ名の割合（%）

結果が図54にしめしてあるが、平均音数Mでみても、2音以下の長さの割合Pでみても、あきらかに、むかしはクニの名前が短かったことがわかる。なお、魏志倭人伝には、27国の名前が記載されているが、長田が音の推定をしなかった9国（伊邪、好古都、呼邑、鬼、爲吾、邪馬、躬臣、巴利、支惟）についても、大部分は2音ないし1音だったと思われる。したがって、邪馬台国時代の紀元3世紀には、倭の国名は過半数が2音以下の短いものだっただろう。

クニの名前がかつては2音程度と短く、だんだん長い傾向になってきたことがあきらかになったので、それをさらに補強すると思われるデータをもうひとつしめそう。それは、現在における市町村名の比較である。現在のデータから過去のパターンをどのように引きだせるだろうか？

ここでひとつの仮定をする。日本の歴史を考えると、あきらかに西日本のほうが東日本よりも歴史が古い。市町村名にもその歴史の深浅の痕跡が残っている可能性がある。そこで、北海道と沖縄を除く全国の都道府県の市町村1498を、西日本（九州、中国、四国、近畿）の662と東日本（中部、関東、東北）の836にわけた。それらの読みのうち、2音以下のものは西日本が81（12％）、東日本が72（9％）だった。期待したとおり、東日本のほうが低い割合だ。統計検定でも、2％有意水準でこの傾向は有意になった。

地名の音数の変化については、日本列島中央部の「うちなる二重構造」モデルを考えてから思いついたことだ。天津神と国津神の対立は、地名にも反映しているのではないかと考えたのである。3音からなる邪馬台（ヤマドあるいはヤマト）国は、天津神が支配した国だ。では、出雲（イズモ）もまた、本来天津神の名づけた地名ではないのか、という想いが去来した。

記紀神話をみると、国ゆずりをしたオオクニヌシの前には、アマテラスの弟スサノオがやってきて出雲を支配したではないか。島根県には、2音の地名がある。出雲大社よりもずっと東にあるオウ（意宇）だ。しかも、本来イズモの国の中心はオウの地域だったというではないか。

また、現在は鳥取県だが、オウの近くにネウ（根雨）という名前の駅をみつけた。ヤマト朝廷に仕えた隼人の人々が住んでいた九州南部にも、5章で触れたように、エイ（頴娃）という駅名があった。オウもエイも、母音二音から構成されるが、日本語の地名としては、めずらしい。

天孫降臨《てんそんこうりん》は、高千穂《たかちほ》というヤマに降り立った。古事記の海幸山幸《うみさちやまさち》の神話においても、勝利したのは弟のヤマサチヒコだった。九州北部から出発したとおもわれる天津神の人々は、自分たちのクニを「山」にちなんで名づけ、近畿に移ったあともこの名前、すなわちヤマトを使いつづけたのではなかろうか？　この地名が名前となったヤマトタケルノミコトは、死ぬすこし前に「やまとは　くにのまほろば　たたなづく　あおがき　やまごもれる　やまとし　うるわし」という歌を残した。

日本列島は、山が多い。大陸から海を越えて渡ってきた大昔の人々にとって、日本列島はヤマの土地ではなかっただろうか。3世紀の中国で書かれた魏志倭人伝の冒頭には、「倭人、帯方東南大海之中に在り、山島に依る」とある。

江戸時代に日本列島にやってきたシーボルトも、長崎港に近づく船からはじめてみる日本の地を、「前を飾るには緑と深き岡と耕されたる山背とありて、その後には青きやまやまのいただき、はっきりと空に隈どられたり。」（東洋文庫『シーボルト先生1』より）と、感慨をこめて描写している。

ヤマトの「ト」（あるいはド）がなにを指すのかは諸説があるが、最初の二文字が「山」であることは、ほとんどの研究者が合意しているようだ。

日本語祖語を数千年前に日本列島にもたらした人々が、わたしが仮定したように「海の民」だったとしたら、彼らがこれから住み着こうとした島々を、あるいは「ヤマ」とあらわして、畏敬したのかもしれない。このささやかな妄想で、本書をおわることにする。

巻末解説

ヒトのゲノム進化の基礎

DNAは、deoxyribonucleic acidの略称であり、4種類の塩基（アデニン、シトシン、グアニン、サイミン）と、糖とリン酸を構成要素とする4種類のヌクレオチド（塩基の頭文字を使って、A、C、G、Tとあらわすことが多い）が長く連なった巨大分子である。このDNA分子こそ、親から子に遺伝する遺伝情報の物質的本体だ。

DNAは、二本鎖から構成される二重らせん構造となっているが、これら二本鎖の分子は、内側に位置するヌクレオチドに関して、アデニンとサイミン、シトシンとグアニンという二対の結合だけがありえる。このため、二重らせんがほどけると、むきだしになった塩基に対応する塩基を持つヌクレオチドだけが順番に結合してゆくことにより、同一の塩基配列を持つ二個のDNA二重らせんがつくられる。これを「半保存的複製」とよび、親から子に遺伝情報が伝わるメカニズムの根本である。このように、DNA分子の構造自身が、情報を伝えるのに都合がよいものになっている。

DNAは、物質であるとともに、塩基配列という情報も担っている。親から子に伝わる塩基配列情報の全体を「ゲノム」とよぶ。ひとりの人間は、母親と父親からそれぞれひとつのゲノムを受け継いでおり、2個のゲノムを持っている。ヒトの染色体の本数は46本だが、このうちの半分、23本が1ゲノムに相当する。ただし、男性と女性では、染色体の構成がすこし異なる。異なる部分を性染色体とよび、X染色体とY染色体がある（5ページの図1参照）。女性がX染色体を2本持つのに対し、男性はXとYを1本ずつ持つ。男女共通の部分を常染色体とよぶ。

ヒトゲノムは、23本の染色体全体で32億個の塩基配列情報だが、そこにはまれに「突然変異」が生じる。この突然変異こそ、生物の多様性が生じるおおもとだ。たとえば、図55のように、祖先の生物のゲノムのある場所では、どれもアデニン（A）だけだったとしよう。この場合、母方からも父方からもAを受け継ぐので、どの個体（図では横長の楕円でしめしている）もAのホモ接合体（父方・母方由来の染色体上にある塩基が同一である個体）となる。ある個体において、このうちの一方が図の★印でしめしてある突然変異でグアニン（G）になると、AとGのヘテロ接合体（父方・母方由来の染色体上にある塩基が異なっている個体）になり、子孫にGが伝わってゆく可能性が出てくる。

突然変異した塩基は、最初は1本の染色体の上にぽつんとあるだけだ。このため、子孫に伝わってゆくかどうかは、偶然に大きく左右される。この塩基を持った人に、たまたま子供が生まれなかったら、それでこの突然変異の系統はとだえる。子供が生まれても孫が生まれなければ、やはり突然変異は消えてしまう。もしも運がよければ、最初は1個からスタートした突然変異は、すこしずつ子孫を増やしてゆく。人間どうしのDNAの違いは、このような、もともとの塩基（祖先型）と

図55：集団のなかでDNA塩基が伝わる様子

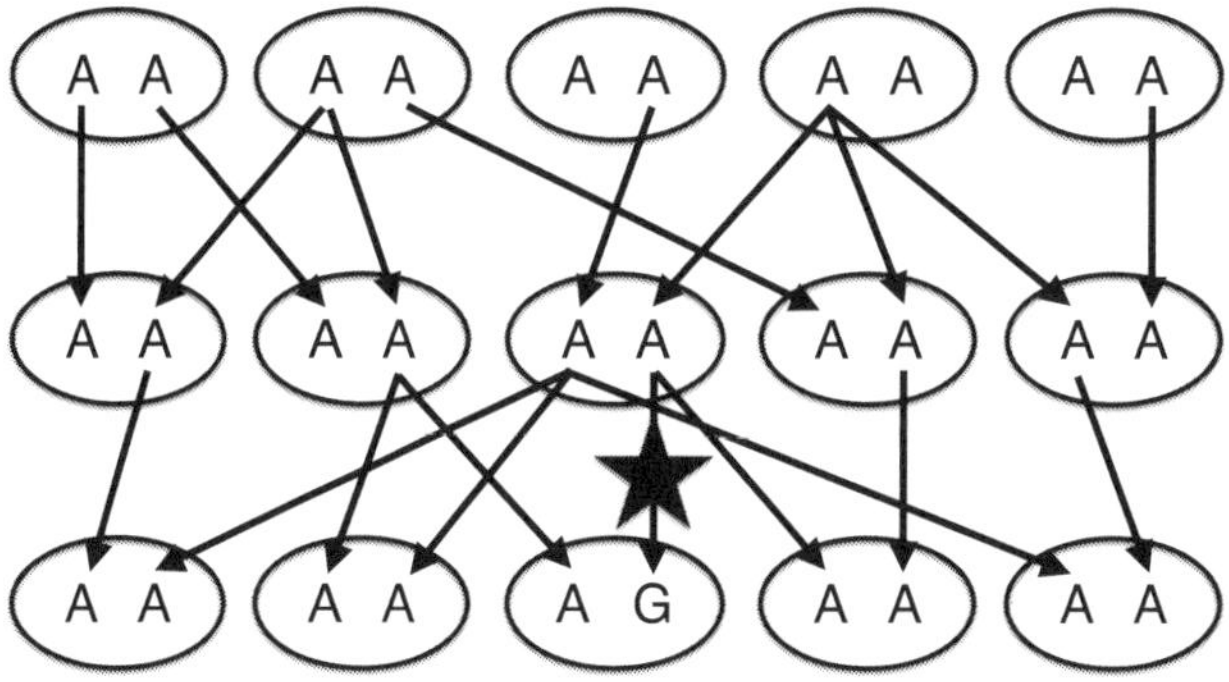

突然変異で生じた塩基の2種類が共存しているゲノム中の場所である。

　これらひとつひとつの場所を、専門用語では「単一塩基多型」、あるいはその英語の略称を使って、ＳＮＰとよんでいる。ひとりのヒトゲノム中には、４００万個前後のＳＮＰが存在し、他人と異なっている。これは32億個の塩基からなるゲノム全体からみると、０・１％ほどにしかならないが、絶対値としてはとても大きいことがわかるだろう。

　これらＳＮＰの大部分では、その塩基配列の変化は表現型に影響しない。このためそれらの進化は、淘汰上中立な突然変異が偶然によって変化する「中立進化」によって生じてゆく。なお、中立進化論はわたしが勤務している国立遺伝学研究所で長く研究をおこなった木村資生が、１９６８年に提唱したものだ。

　大部分の進化が偶然によって左右されるというと、ぴんとこないかもしれない。しかし、膨大なゲノム配列が多くの生物で決定されている現在、偶然による変化はゲノム進化の根幹となっている。このゲノムの時間的変化の痕跡は、今に生きるわたしたちのゲノムのなかに受け継がれている。このため、現在の人間のゲノムDNAを調べることにより、過去のDNA変化を推定できるのである。

図55では5人だけから構成される仮想的な集団を考えている。楕円は1個体をしめす。第一世代では、両親から伝えられたゲノム中の特定の塩基が5人ともアデニン（A）だった。これら10個のアデニンのうちの7個の子孫が第二世代に伝えられ、3個のアデニンは子孫がいない（下につながる矢印がない）。第二世代から第三世代に移るときに、1個のアデニンがグアニン（G）に変わる突然変異（★印）が生じた。他の塩基は依然としてアデニンなので、アデニン型塩基の頻度が90％、グアニン型塩基の頻度が10％ということになる。

またDNA塩基の伝わり方のパターンをみると、第一世代の10個のアデニンのうち、第三世代にまで伝わるのは3個だけであることがわかる（どの3個か、さがしてみてほしい）。このように、子孫DNAを増やしてゆけるDNA塩基は、世代がくだるにつれてすくなくなり、最後にはすべての塩基が第一世代の1個のDNA塩基の子孫になる。

人類集団の系統樹

人間は、ふつう多人数から構成される集団のなかで生きている。この集団のなかで配偶者をみつけ、交配して次の世代に子供を残してゆく。ここでいう「集団」とは、一般には地理的にまとまって居住している人々（あるいは生物）を指す。他に集団がなければ、図55でしめしたように、この集団だけで世代から世代へとDNAが受け継がれてゆく。

ところが、集団のなかでなんらかの要因により複数のグループが出現し、それらが仲違い、けんか、あるいは他の地域に移動しようとする冒険的なグループと、動きたくない保守的なグループという行動変化がおこると、集団がわかれていく。わかれわかれになった2集団が異なる地域に居住するようになると、それらのあいだでは交配がおこらなくなる。

こうして、集団分化が始まる。はじめは同じようなDNAの構成を持っていた2集団だが、わかれて時間が経つと、すこしずつ変化していく。このような集団の分化がくり返しおこると、図56でしめしたように、集団が枝分かれした「系統樹」が生じる。

図56では、現在4集団（カ〜ケ）が存在するが、これらのあいだの系統関係を推定するために、図57にしめした、仮想的な集団間の遺伝距離データを用いてみよう。これらの距離データは、図56の系統樹の矢印の横にしめした祖先集団と子孫集団との遺伝距離を足し合わせて求めたものだ。たとえば、集団カと集団キの遺伝距離は、1＋2＝3となる。

祖先集団アがまず子孫集団イとウに分化した。次に集団イが集団エとオに分化し、さらに集団エが集団カとキに分化した。こうして、これら2集団の他に、集団オの子孫集団クと集団ウの子孫集

図56：仮想的な4集団の系統樹

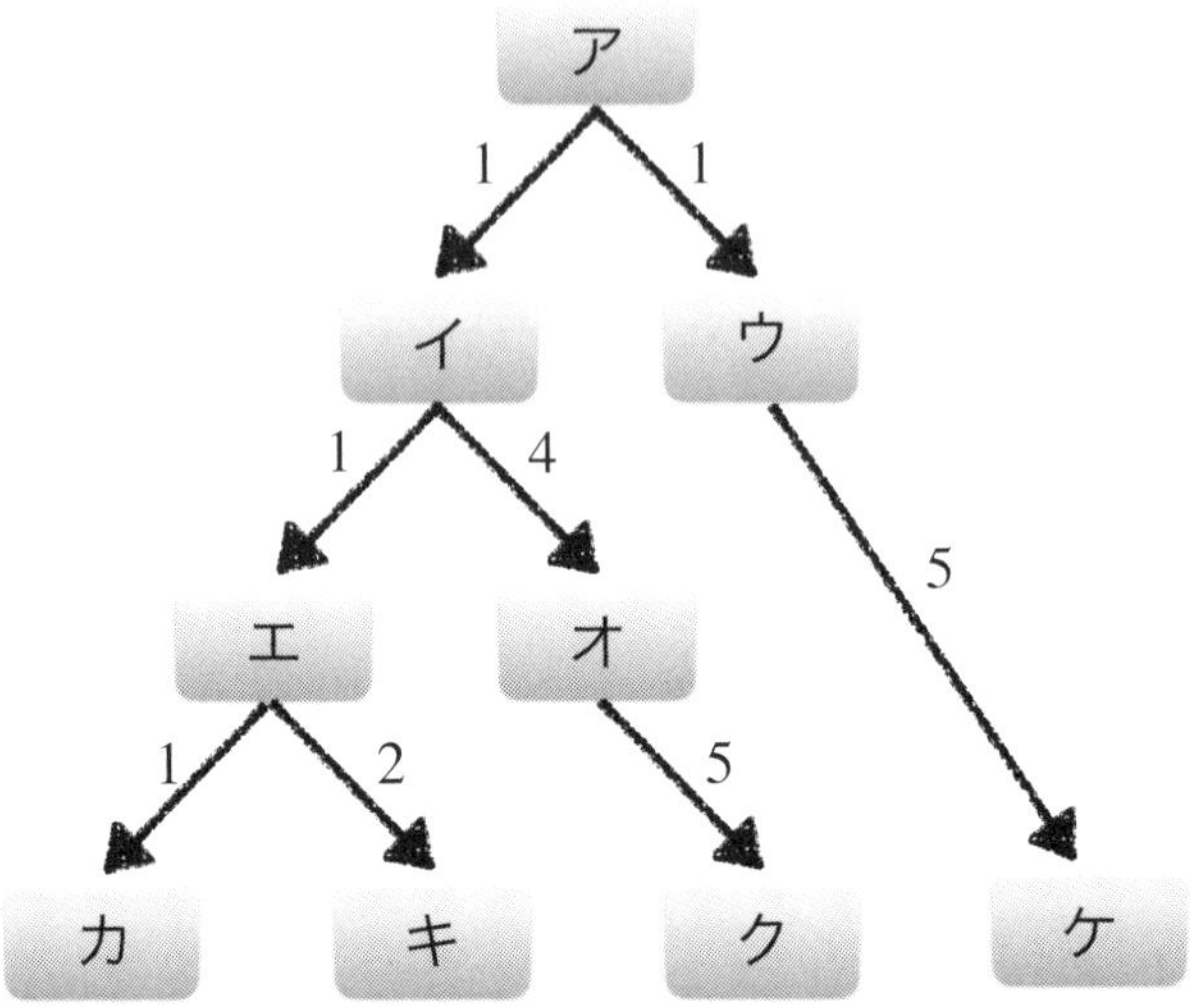

団ケの4集団が、現在は存在していることになる。

この系統樹から、現存する4集団のうち、集団カと集団キがもっとも近縁であり、ついで集団クがこれら2集団と等しく近縁であり、集団ケはもっともはやく分岐していることが読みとれる。このような集団の枝分かれパターンは、集団が3個だと3種類存在する。たとえば、集団カ、キ、クを考えると、図56では集団クが他の2集団よりも遠縁だが、集団カあるいは集団キがもっとも遠縁である可能性もあるからだ。集団が4個になると、可能な枝分かれパターンは15個に増える。興味のある方はこれらのパターンを考えてみてほしい。なお、矢印の横にしめした数字は、DNAの変化量である。この変化量は、専門用語では「集団間の遺伝距離」とよび、遺伝子頻度の違いをもとに計算される。くわしくは斎藤成也（2007）『ゲノム進化学入門』などの専門書を参照されたい。

カとキの2集団は、同じ祖先集団エから由来しており、同じ時間が経っている。このため、集団の個体数が同じであれば、祖先集団から子孫集団への遺伝距離はほぼ同じになるはずだが、集団キは個体数（人口）が減少したため、遺伝子頻度の変化が大きくなり、遺伝距離が2倍の2となっている。同様に、祖先集団イから分化して同じ時間が経過した集団エとオでも、子孫集団への遺伝距離が1と4になっている。

図57：図56の集団カ、キ、ク、ケ間の遺伝距離

	カ	キ	ク	ケ
カ	0	3	11	9
キ	3	0	12	10
ク	11	12	0	16
ケ	9	10	16	0

図57の遺伝距離行列をみると、同一集団間の遺伝距離はゼロとなっている。また、当然であるが、集団カとキの遺伝距離は、集団キとカの遺伝距離と同一である。したがって、実際にわれわれが検討しなければならないのは、4チームの総当たり（リーグ戦）の試合数と同じ、6遺伝距離ということになる。

そこで、まずこれらのデータから、4集団をふたつのグループにわけることにしよう。図56では正解が示されている。すなわち、（カ、キ）－（ク、ケ）というグループわけである。この他に、（カ、ク）－（キ、ケ）、（カ、ケ）－（キ、ク）というグループ分けもあ

りえるので、全体で3とおりの可能性がある。正しいグループ分けである（カ、キ）－（ク、ケ）を仮定してみよう。すると、集団クからの集団カとキへの距離は、それぞれ11と12、集団ケからの集団カとキへの距離は、それぞれ9と10であり、どちらの場合も集団キとの距離が1長い。

これらのことから、集団カと集団キの遺伝距離3は1と2にわけられる。同様に、もうひとつのグループである集団クと集団ケの遺伝距離16も、9と7にわけられる。残るのは、2グループ間の距離であり、計算から1となる。これは、図56において、集団イとエの遺伝距離に対応する。正解である図56のグループ分けとは異なる2通りを仮定すると、このようにうまくはいかない。興味のある読者はトライしてみてほしい。

結局、図57の遺伝距離データから、（カ、キ）－（ク、ケ）というグループ分けはただしく選ぶことができたが、集団ケが4集団のなかで最初に分岐したという情報は、得ることができなかった。これは、系統樹推定のむずかしさのひとつである。また、同じ人間のなかの集団なので、いったん分岐したあとに、混血が生じることが、当然ありえる。こうなると、さらに系統関係の推定は錯綜することになる。

このため、4章の図39（129ページ）でしめしたような、系統ネットワークを作成したり、あるいは3章の図32（106～107ページ）でしめしたように、系統樹に遺伝子交流（混血）をさらに推定したりしている。

主成分分析法

本書には、膨大なゲノムＤＮＡデータを主成分分析法を用いて解析した結果が多数登場する。主成分分析法（英語名のPrincipal Component Analysisの略称を使ってＰＣＡともよぶ）は、原理が考案されたのは、人類学や計量遺伝学の分野で、人間の身長などのデータが研究されはじめた19世紀にさかのぼるが、膨大なデータを扱う広い分野で応用されており、多変量解析の代表的な方法である。

自然人類学では人骨や歯のいろいろな部位の長さを計測して、人類集団間の関係や化石人や現代人個体間の関係を推定することがよくおこなわれてきた。人骨の場合、たとえば腕の骨の長さと脚の骨の長さには、高い相関のあることが知られている。つまりは、腕が長ければ脚も長いということである。これらデータ間の相関を計算し、多くのデータにひそむ構造をとりだすのが主成分分析法の特徴である。

結局は人間の認識にうったえる必要があるので、これらデータ間の構造は、多くの場合平面（二次元）上に配置して図表化することが多い。場合によっては立体（三次元空間）上に配置して図表化することもある。全体のデータは、データによるが、数十次元、数百次元、数千次元という膨大な空間上にちらばっている。

主成分分析で扱う単位はデータによるが、人類進化の場合は、集団または個人の場合がほとんどである。本書で登場する主成分分析では個人が単位になっている場合が大部分なので、ここでは個人を単位としたSNPデータを前提とする。ヒトゲノム中のある特定のDNAの場所には、A、C、G、T4種類の塩基のうちのどれかが存在するが、ほとんどのDNAには個体差がなく、どれか単一の塩基だけである。

ところが、多数の個体を比べたときに、1000に1個ぐらいの頻度で、複数の塩基がみられることがある。これがSNP（Single Nucleotide Polymorphism：一塩基多型）であり、ほとんどの場合には4種類のうちの2種類の塩基（たとえばAとG）がひとつのDNAの場所でみいだされる。この場合、1個人は、2種類の塩基のどちらかをともに両親から受け継いだホモ接合体（たとえばAあるいはGG）であるか、あるいは2種類とも持つヘテロ接合体（たとえばAG）である。

塩基Aに着目すると、この塩基を2個持つとAAホモ接合体、1個持つとAGヘテロ接合体、0個持つと、GGホモ接合体である。したがって、1個人のある特定のSNP座位の状態（遺伝子型）は、2、1、0のどれかの数字であらわすことができる。

このような数字の列が数十万か所のSNPに対応してならべれば、1個体のSNPデータを表現することができる。それらが数百人、数千人について存在するので、横にSNP座位の分だけ数十万個、縦に比較した個人の数だけ数千個ならんだ行列ができる。どの数字も、0、1、2のどれかである。

SNP座位はとても多く、かつわれわれの興味は個人間の遺伝的関係なので、この行列から、個人間のDNAの違いをあらわす行列をつくる。この場合、比較された個人がN人であれば、N×Nの行列ができる。こんどは数字は遺伝子型ではなく、SNPデータにもとづく個人間の遺伝距離である。このような行列データを用いて、主成分分析がおこなわれる。

具体的な計算方法は、引用文献なり、主成分分析法の解説書にゆずるが、基本は線形代数であり、主成分（eigen vectorともよばれる）に沿った各個人の座標が第一から第N-1まで計算される。第一主成分は、データのばらつきをもっとも多く含んでおり、そのような軸に沿って、N人のデータがプロットされる。次の第二主成分は、データのばらつきが第一主成分についで多く含んでいるが、数学的には第一主成分の軸とは独立である。すなわち、おたがいに相関がない。このため、遺伝的にかなり異なる3人類集団のSNPデータを主成分分析すると、3集団の個体がほぼまとまったグループになり、しかもこれら3集団が三角形の位置になるのである。

具体例としては、3章98頁の図26をみてほしい。ここでは、第一主成分が左右の軸であり、左側にアフリカ人、右側に東西ユーラシア人2集団が位置している。上下の軸である第二主成分では、もっとも下に西ユーラシア人が、もっとも上に東ユーラシア人が位置して、中央付近にアフリカ人がいる。これら3集団とは遺伝的にすこし異なる個体がいると、3個の団子状態のグループから離れて位置することになる。三貫地貝塚遺跡から出土した縄文人のゲノムデータが、まさにそのような位置になっている。

なお、図26では第一主成分が表現する分散の割合が、全体の4・81％であり、第二主成分は2・69％である。ふたつの数字を合計しても7・5％にしかならず、残りの92・5％はどうなるのか、不思議に思われるかもしれない。

しかし、SNPはそれぞれ塩基の頻度が長い進化のあいだに偶然に上がったり下がったりする。この中立進化の状況を、専門用語で「遺伝的浮動」とよぶ。

この場合、おたがいのSNP座位に相関はない。逆に、集団が分岐していったり、わかれていた集団内で混血がおこると、すべてのSNP座位に影響がある。したがって、第一主成分や第二主成分が表現している状況は、これらすべてのSNP座位が影響を受けた結果だと考えられる。データ解析の結果は、まさにそのことをしめしている。いずれにせよ、主成分分析は、膨大なデータのなかにひそむ構造を客観的にしめしてくれるので、集団間の遺伝的構造を推定するのに、ひろく用いられている。

あとがき

わたしは２００５年（本書執筆の12年前）に『ＤＮＡからみた日本人』を刊行した。ちょうどその年にヒトゲノム多様性を調べたHapMap計画の論文が刊行されたが、この本はそれ以前のはるかにすくないデータにもとづく研究の紹介が中心となってしまった。

それから10年後の２０１５年に刊行した『日本列島人の歴史』では、ヒトゲノム全体を調べた結果についてもあちこちで紹介したが、日本列島人の通史が中心テーマだったので、ゲノムの話は一部分にとどまっていた。

２０１６年に監修した『ＤＮＡでわかった日本人のルーツ』は、複数の著者によるものであり、さまざまな内容が含まれていた。そこで本書こそ、日本列島人の源流とその成立を、核ゲノムＤＮＡ進化の情報にもとづくわれわれの過去10年間におよぶ研究結果を中心に、わたしが紹介したものなのである。

１章だけは、さまざまな先人によるこれまでのヒト進化の研究の紹介だが、２章では、われわれがとりくんできた東南アジアのネグリト人研究の成果を紹介した。

３章は、わたしの研究室が世界ではじめて報告した、福島県三貫地貝塚出土縄文人の核ゲノムデータを中心に展開した。４章も、現代に生きる日本列島人３集団の遺伝的多様性を解析したわれわれの研究成果を中心に論じた。人口変動についても、新しい考察をおこなった。

5章では、膨大なゲノムSNPデータのなかからわれわれが発見したヤマト人の「うちなる二重構造」を説明する三段階渡来説を提唱した。この説はすでに『日本列島人の歴史』の末尾で打ち出していたが、過去2年間に急速な新データの蓄積があり、それらをもりこむことができた。

最後の6章では、これまでのヒトのDNA進化研究で中心的な位置を占めていたY染色体やミトコンドリアDNAのデータを紹介した。特に後者の場合は、日本全国のデータを解析した結果、ここでもヤマト人のうちなる二重構造がみいだされることを発見した。さらには、数十年前に発表されていたABO式血液型の都道府県ごとの頻度もまた、弱いながらうちなる二重構造を示唆することをみいだした。われながら、これらの展開にはいささか驚いている。さらに日本語の起源について考察したあと、6章の最後では、日本全国の地名についてもいくつかの考察をおこなった。

本書は、ヤマという単語に関する妄想でおわっている。この単語を発音したとたんに、山にかんする過去の体験や知識が、わたしの頭のなかで渦をまくのだ。このことも、ヤマト人という名称を発想した理由のひとつになっている。ヤマ、あるいはウミといったやまと言葉については、今後も探究をつづけていきたいと考えている。

本書で紹介したわたしの研究室から発信した研究成果は、多くの方々との共同研究の成果である。特にわたしの指導を受けて総合研究大学院大学遺伝学専攻から博士号を取得したティモシー・A・

ジナム博士（現在は国立遺伝学研究所集団遺伝研究部門助教）と神澤秀明博士（現在は国立科学博物館研究員）が中心となった研究に、本書は多くを負っており、ご両人に深く感謝する。おふたりは現在も、それぞれ現代人と古代人のゲノム研究にとりくんでおり、近い将来つぎつぎに研究成果が発表される予定である。神澤博士からは3章を中心に多くのコメントをいただいた。

われわれは3人ともアジアDNAレポジトリーコンソーシウム（ADRC）のメンバーである。ADRCは、当初尾本恵市東京大学名誉教授が長年にわたり収集し、現在東京大学柏キャンパスで保管されているDNAサンプル（われわれは「尾本コレクション」とよぶ）の管理と利用を円滑に進めるために設立されたが、故宝来聰博士が収集し、現在葉山にある総合研究大学院大学で保管されているDNAサンプルもADRCの管理下にくわわった。

ADRCの中核メンバーである尾本恵市東京大学名誉教授、徳永勝士東京大学医学部教授、河村正二東京大学新領域創成科学研究科教授にはこれまでもいろいろとお世話になっており、深く感謝する。

これら現代人の貴重なDNAサンプルは、提供者の存在がなければありえない。わたしもかつて出会ったフィリピンのネグリト人の方々、これまで何度も足を運んでいる北海道平取町二風谷の方々、沖縄の方々をはじめとするDNA提供者の皆さんに、深く感謝する。

また現在進めているヤマト人の多様性研究については、岡垣克則東京いずもふるさと会会長、島根県荒神谷博物館の皆さん、園田俊郎鹿児島大学名誉教授をはじめとする関係者の皆さんにお世話になっており、ここに深く感謝する。

本書で紹介したわたしたちの研究には、この他にも以下の研究者が主としてかかわっており、お名前と現所属を列挙して感謝の意を表したい（五十音順）：井ノ上逸朗（国立遺伝学研究所人類遺伝研究部門教授）、植田信太郎（東京大学理学部教授）、太田博樹（北里大学医学部准教授）、大橋順（東京大学理学部准教授）、要匡（国立成育医療センターゲノム医療研究部部長）、木村亮介（琉球大学医学部准教授）、キリル・クリュコフ（東海大学医学部奨励研究員）、佐宗亜衣子（東京大学総合研究博物館技術補佐員）、澤井裕美（東京大学医学部助教）、篠田謙一（国立科学博物館副館長）、マーク・ストーンキング（ドイツマックスプランク進化人類学研究所教授）、諏訪元（東京大学総合研究博物館館長）、田嶋敦（金沢大学医学部教授）、フランシスコ・ダター（フィリピン大学教授）、新川詔夫（元北海道医療大学学長）、西田奈央（国立国際医療研究センター上級研究員）、モード・フィップス（マレーシアモナシュ大学教授）、細道一善（金沢大学医学部准教授）、パーサ・マジュンダー（インド国立ゲノム医科学研究所前所長）、米田穣《みのる》（東京大学総合研究博物館教授）。また、全国のミトコンドリアＤＮＡ頻度データを提供していただいたジェネシスヘルスケア社に感謝する。

本書で紹介したわたしたちの研究を進めるにあたっては、総合研究大学院大学の学融合共同研究プロジェクト（斎藤成也代表）、大学共同利用機関法人情報・システム研究機構の文理融合研究プロジェクト（斎藤成也代表）、文部科学省の科学研究費補助金（篠田謙一代表、松村博文代表）の援助を得た。いずれにせよ、もともとはすべて国民の皆さんの税金によっており、ここに感謝する。

本書は、昨年4月にNHKのサイエンスゼロで放映されたわれわれの縄文人ゲノム研究の成果をみた編集者の依頼をいただき、1年ほどかけて書き上げたものである。声をかけていただいたことに感謝する。また本書の作成にあたっては、イラストレーターの藤枝かおりさんとわたしの研究室の水口昌子さんに図のいくつかを描いていただいた。ここに感謝する。

故埴原和郎先生には、学部時代に講義を受け、大学院で尾本研究室にはいってからも人類学教室のなかでいろいろと知的影響を受けた。結婚披露宴でいただいた主賓祝辞は、身にあまる光栄なものだった。本書で紹介したヤマト人の「うちなる二重構造」は、埴原先生が主唱された日本列島人の二重構造モデルをさらに発展させたものだと自負している。

本書を、故埴原先生に捧げる。

科学紀元17年　9月17日

三島にて　斎藤成也

※「科学紀元」とは、斎藤成也が提唱している、西暦から2000を引いた年号である

●図について
図1：斎藤(2007)より.
図2：斎藤の原図をもとに藤枝が作図.
図3：現代人の系統樹はIngman et al.（2000）より、ネアンデルタール人の系統樹は水口が作成.人間の絵は藤枝作図.
図4：斎藤の原図をもとに藤枝が作図.
図5：Tishkoff et al.（2009）の図を簡略化.藤枝作図.
図6：Liu and Fu（2015）の図を改変.藤枝作図.
図7-図8：斎藤の原図をもとに藤枝が作図.
図9：Prüfer et al.（2014）の図を改変.藤枝作図.
図10-図11：斎藤の原図をもとに藤枝が作図.
図12：Jinam et al.（2017）の図を改変. 藤枝作図.
図13：斎藤の原図をもとに藤枝が作図.
図14：Jinam et al.（2017）の図を改変. 藤枝作図.
図15：斎藤の原図をもとに藤枝が作図.
図16：Chaplin（2004）などの図をもとに藤枝が作図.
図17：斎藤の原図をもとに藤枝が作図.
図18：海部陽介（2016）の図5-5をもとに新井が作図.
図19：斎藤（2015）の表をもとにした.
図20：Kanzawa-Kiriyama et al.（2013）の表をもとに藤枝が作図.
図21：Kanzawa-Kiriyama et al.（2013）の図を改変.斎藤が作成.
図22：Kanzawa-Kiriyama et al.（2016）の図をもとに藤枝が作図.
図23：Kanzawa-Kiriyama et al.（2016）の図と斎藤の原図をもとに藤枝が作図.
図24-図30：Kanzawa-Kiriyama et al.（2016）の図をもとに藤枝が作図.
図31：Kanzawa-Kiriyama（2014）の図をもとに藤枝が作図.
図32：Kanzawa-Kiriyama et al.（2016）の図をもとに藤枝が作図.
図33：さまざまなデータをもとに斎藤が表にしたものをもとに藤枝が作図.
図34：Kanzawa-Kiriyama（2014）の図をもとに藤枝が作図.
図35-図36：斎藤が作成.
図37：斎藤（2009）より.
図38：Jinam et al.（2015）の図を改変.斎藤が作成.
図39：Yamaguchi-Kabata et al.(2008)のデータをもとに斎藤が作成.
図40：Japanese Archipelago Human Population Genetics Consortium（2012）とJinam et al.（2015）の図を改変.斎藤が作成.
図41：Japanese Archipelago Human Population Genetics Consortium（2012）の図を改変.斎藤が作成.
図42：Jinam et al.（2015）のデータをもとに斎藤が作成.
図43：Japanese Archipelago Human Population Genetics Consortium（2012）の図を改変.斎藤が作成.
図44：Jinam et al.（2015）の図を改変.斎藤が作成.
図45：斎藤が作成.
図46,図47,図49：Jinam et al.（未発表）の図を改変.斎藤が作成.
図48：斎藤が作成.
図50：斎藤が作成. 日本地図は　http://www.craftmap.box-i.net/sozai.php?no=0001_3を用いた.
図51：Mendez et al.（2013）の図とPoznik et al.（2016）の図を合体して改変.斎藤が作成.
図52：Jinam et al.（未発表）の図を改変.斎藤が作成.
図53：Fujita et al.（1978）のデータをもとに斎藤が作成.
図54-図57：斎藤作成.

●引用文献

はじめに
2頁：総務庁統計局(2017)人口推計（http://www.stat.go.jp/data/jinsui/new.htm）
4頁：斎藤成也（2007）ゲノム進化学入門.共立出版.
4頁：International Human Genome Sequencing Consortium（2004）Nature 431: 931-945.
6頁：Nagasaki M. et al.（2015）Nature Communications 6:8018.
6頁：神野志隆光（2016）「日本」国号の由来と歴史. 講談社学術文庫.
7頁：Saitou N.（1995）Human Evolution 10: 17-33.
7頁：斎藤成也(2015)日本列島人の歴史.岩波ジュニア新書.
7頁：島尾敏雄（1977）ヤポネシア考. 葦書房.
8頁：埴原和郎(1995)日本人の成り立ち.人文書院.
9頁：Japanese Archipelago Human Population Genetics Consortium（2012）Journal of Human Genetics 57: 787-795.

10頁：Kanzawa-Kiriyama H. et al.（2016）Journal of Human Genetics オンライン出版：9月1日｛紙媒体出版: 2017年, 62: 213–221｝.
1章　ヒトの起源
18頁：斎藤成也編著（2009）絵でわかる人類の進化.講談社.
19頁：Hara Y. et al.（2012）Genome Biology and Evolution 4: 1133-1145.
19頁：Dart R.（1925）Nature 115:195-199.
19頁：White T. et al.（2009）Science 326: 64-86.
21頁：Krings M. et al.（1997）Cell 90: 19-30.
22頁：Takahata N.（1993）Molecular Biology and Evolution 10: 2-22.
23頁：Cavalli-Sforza L.L. and Edwards A.W.F.（1967）American Journal of Human Genetics 19: 233–257.
23頁：Nei M. and Roychoudhury A.（1974）American Journal of Human Genetics 26: 421-443.
23頁：Cann R. et al.（1987）Nature, 325, 31-36.
23頁：Ingman M. et al.（2000）Nature 408: 708-713.
23頁：日本DNAデータバンクウェブサイト：http://www.ddbj.nig.ac.jp/
26頁：宝来聰（1997）DNA人類進化学.岩波科学ライブラリー.
27頁：斎藤成也（2016）遺伝 70: 460-464.
2章　出アフリカ
30頁：Tishkoff S. et al.（2009）Science 324: 1035-1044.
30頁：Saitou N. and Nei M.（1987）Molecular Biology and Evolution 4: 406-425.
34頁：印東道子編著（2013）人類の移動誌. 臨川書店.
34頁：Liu X. and Fu Y.-X.（2015）Nature Genetics 47: 555-559.
37頁：Malaspinas A.-S. et al.（2016）Nature 538: 207-214.
39頁：斎藤成也（2005）DNAからみた日本人.ちくま新書.
42頁：Yoshiura K. et al.（2006）Nature Genetics 38: 324-330.
44頁：Ohashi J. et al.（2011）Molecular Biology and Evolution, vol. 28, pp. 849–857.
45頁：Excoffier L. and Ray N.（2008）Trends in Ecology and Evolution 23: 347-351.
46頁：Saitou N.（2005）Cytogenetic and Genome Research 108: 16-21.
47頁：Green R. E. et al.（2010）Science 328: 710-722.
47頁：Reich D. et al.（2010）Nature 468: 1053-1060.
47頁：Prüfer K. et al.（2014）Nature 505: 43-49.
47頁：Reich D. et al.（2011）American Journal of Human Genetics, vol. 89, pp. 516-528.
50頁：Skogland P. et al.（2016）Nature 538: 510-513.
50頁：Mondal M et al.（2016）Nature Genetics, vol. 48, pp. 1066-1070.
50頁：Meyer M. et al.（2014）Nature 505: 403-406.
51頁：モーウッド M. & オオステルチィ P. 著, 馬場悠男監訳、仲村明子訳（2008）ホモ・フロレシエンシス（上）・（下）. NHKブックス.
51頁：Chang C.-H. et al.（2015）Nature Communications 6: 6037.
52頁：尾本惠市（1996）分子人類学と日本人の起源. 裳華房.
54頁：Jinam et al.（2017）Genome Biology and Evolution 9: 2013-2022.
56頁：Jinam et al.（2012）Molecular Biology and Evolution 29: 3513-3527.
62頁：Di D. et al.（2015）BMC Evolutionary Biology 15: 240.
64頁：https://commons.wikimedia.org/wiki/File:Unlabeled_Renatto_Luschan_Skin_color_map.svg
64頁：Chaplin G.（2004）American Journal of Physical Anthropology 125: 292-302.
3章　最初のヤポネシア人
70頁：工藤隆（2012）古事記誕生. 中公新書.
70頁：海部陽介（2016）日本人はどこから来たか.　文藝春秋社.
70頁：毎日新聞旧石器遺跡取材班（2003）発掘捏造. 新潮文庫.
70頁：角張淳一（2010）旧石器捏造事件の研究. 鳥影社.
70頁：松藤和人（2010）検証「前期旧石器遺跡発掘捏造事件」. 雄山閣.
71頁：Fu C.-M. et al.（2013）PNAS vol. 110, no. 6, pp. 2223–2227.
71頁：辻誠一郎（2013）縄文時代の年代と陸域の生態系史.泉拓良・今村啓爾編『講座日本の考古学3　縄文時代（上）』青木書店, xx-xx.
71頁：佐藤宏之（2013）日本列島の成立と狩猟採集の社会.　大津透ら編『岩波講座日本歴史第1巻　原始・古代1』. 岩波書店, xx-xx.
74頁：泉拓良・今村啓爾編（2013）講座日本の考古学3 縄文時代（上）. 青木書店.
74頁：泉拓良・今村啓爾編（2014）講座日本の考古学4 縄文時代（下）. 青木書店.
75頁：https://www.chatan.jp/haisai/rekishi/bunkazai/oohorakeidoki.html

75頁：井口直司（2012）縄文土器ガイドブック‐縄文土器の世界. 新泉社.
76頁：勅使河原彰（2016）縄文時代史.新泉社.
76頁：山田康弘（2015）つくられた縄文時代.新潮選書.
76頁：山口敏（1999）日本人の生いたち. みすず書房.
76頁：Hanihara K.（1991）Japan Review 2: 1-33.
79頁：Horai S. et al.（1991）Phil. Trans. R Soc. Lond. B 333: 409–417.
79頁：Shinoda K. and Kanai S.（1999）Anthropological Science, 107: 129–140.
79頁：安達登・篠田謙一・梅津和夫（2008）DNA多型 16: 287–290.
79頁：安達登・篠田謙一・梅津和夫（2009）DNA多型 17: 265–269.
79頁：Adachi N. et al.（2009）American. American Journal of Physical Anthropology, 138: 255–265.
79頁：Adachi N. et al.（2011）American. American Journal of Physical Anthropology, 146: 346–360.
80頁：Oota H. et al.（1999）American Journal of Human Genetics 64: 250–258.
80頁：Wang L. et al.（2000）Molecular Biology and Evolution 17: 1396–1400.
81頁：斎藤成也・神澤秀明（2013）DNAからたどる南アジア人の系統. 長田直樹編『インダス南アジア基層世界を探る』京都大学学術出版会, 343-361.
86頁：Kanzawa-Kiriyama H. et al.（2013）Anthropological Science 121: 89-103.
87頁：Sato T. et al.（2009）Anthropological Science 117: 171–180.
91頁：Kryukov K. and Saitou N.（2010）BMC Bioinformatics 11: 142.
98頁：The International HapMap Consortium（2005）Nature 437: 1299–1320.
99頁：The 1000 Genomes Project Consortium（2012）Nature 491: 56–65.
99頁：Li J. Z. et al.（2008）Science 319: 1100–1104.
105頁：Kanzawa-Kiriyama H.（2014）Ancient genomic DNA analysis of Jomon people. 総合研究大学院大学生命科学研究科遺伝学専攻博士論文.
106頁：Pickrell J. K. and Pritchard J. K.（2012）PLoS Genet. 8: e1002967.
106頁：Raghavan M. et al.（2014）Nature 505: 87-91.
106頁：Fu Q et al.（2014）Nature 514: 445-449.
110頁：Jinam T. A. et al.（2015）Journal of Human Genetics 60: 565–571.
110頁：Nakagome S. et al.（2015）Mol. Biol. Evol. 32: 1533–1543.
110頁：He Y. et al.（2012）Scientific Report 2: 355.
110頁：Horai S. et al.（1996）Am. J. Hum. Genet. 59: 579–590.
110頁：Hanihara K.（1987）Journal of Anthropological Society of Nippon 95: 391-403.
112頁：篠田謙一（2015）日本人の起源.岩波書店.
113頁：Gakuhari T. et al.（2016）Anthropological Science 124: 204.
113頁：Kanzawa-Kiriyama H. et al.（2016）Anthropological Science 124: 209.
4章　ヤポネシア人の二重構造
116頁：寺田和夫（1975）日本の人類学. 思索社｛1981年に角川文庫から香原志勢の解説をつけて再版｝.
117頁：Baelz, E. von（1911）Korres. Blatt. Dtsch. Ges. Anthrop. Ethnol. Urgesch., 42: 187-191.
118頁：樋口隆康（1971）日本人はどこから来たか.講談社現代新書.
119頁：Matsumura H.（2007）Anthropological Science 115: 25-33.
121頁：金関丈夫（1976）日本民族の起源. 法政大学出版局.
121頁：内藤芳篤（1984）九州における縄文人骨から弥生人骨への移行. 人類学 その多様な発展, 52-59.
121頁：百々幸雄（2015）アイヌと縄文人の骨学的研究～骨と語り合った40年～. 東北大学出版会.
121頁：長谷部言人（1951）日本人の祖先. 岩波書店. ｛1983年、築地書館より近藤四郎の解説をつけて再版.｝
121頁：鈴木尚（1983）骨から見た日本人のルーツ. 岩波新書.
121頁：斎藤成也（2017）日本人起源論研究をしばってきたものごと.井上章一編『学問をしばるもの--人文諸学の歩みから』. 思文閣出版（印刷中）.
124頁：Omoto K. and Saitou N.（1997）American Journal of Physical Anthropology 102: 437-446.
124頁：Bannai M. et al.（2000）Tissue Antigens 55:128-139.
125頁：The International Chimpanzee Chromosome 22 Consortium（2004）Nature 429: 382-388.
126頁：Tian C. et al.（2008）PLoS One 3, e3862.
126頁：Yamaguchi-Kabata Y. et al.（2008）American Journal of Human Genetics 83: 445–456.
126頁：斎藤成也（2009）ヒトゲノム研究の新しい地平. Anthropological Science Japanese Series 117: 1-9.
127頁：Kumasaka N. et al.（2010）Journal of Human Geneics 575: 523-533.
131頁：HUGO Pan-Asian SNP Consortium（2009）Science 326: 1541–1545.

131頁：Harihara S. et al.（1988）American Journal of Human Genetics 43: 134-143.
131頁：Tajima A. et al.（2003）Journal of Human Geneics 49: 187-193.
132頁：Japanese Archipelago Human Population Genetics Consortium（2011）Anthropological Science 119: 288.
133頁：Jinam T. A.（2011）The genetic diversity and population history of indigenous peoples in Asia. 総合研究大学院大学生命科学研究科遺伝学専攻博士論文.
143頁：Jeong C. et al.（2016）Genetics 202: 261–272.
145頁：宇治谷孟訳（1988）日本書紀全現代語訳（上・下）.講談社学術文庫.
146頁：松本建速（2011）蝦夷とは誰か. 同成社.
146頁：山田秀三（1993）東北・アイヌ語地名の研究. 草風館.
147頁：瀬川拓郎（2015）アイヌ学入門.講談社現代新書.
147頁：瀬川拓郎（2016）アイヌと縄文.ちくま新書.
147頁：Matsumura H. and Dodo Y.（2009）Anthropological Science 117: 95–105.
148頁：中橋孝博（2005）日本人の起源. 講談社選書メチエ.
150頁：鬼頭宏（2007）人口で見る日本史. PHP.
151頁：Koyama S.（1978）Senri Ethnological Studies 2: 1-65.
151頁：小山修三（1984）縄文時代. 中公新書.
5章　ヤマト人の内なる二重構造
154頁：Saitou N. and Jinam T. A.（2017）Man in India 97: 205–228 .
156頁：松本清張（1961）砂の器.　カッパノベルズ{1973年新潮文庫に所収}.
157頁：わんぱく王子の大蛇退治. 東映動画.
158頁：Kawai Y. et al.（2015）Journal of Human Genetics 60: 581-587.
159頁：Nakaoka H. et al.（2013）PLoS One 8: e60793.
162頁：Jinam T.A. and Saitou N.（2016）Anthropological Science 124: 208.
168頁：斎藤成也（2017）現代思想 6月号, 128-144.
170頁：藤尾慎一郎（2012）<新>弥生時代. 吉川弘文館.
172頁：Kuwayama et al.（2017）Biological Journal of the Linnean Society 20: 1-14.
6章　多様な手法による源流さがし
174頁：Hammer M. F. et al.（2006）Journal of Human Genetics 51:47–58.
175頁：Poznik G. D. et al.（2016）Nature Genetics 48: 593-601.
175頁：Mendez F. L. et al.（2013）American Journal of Human Genetics 92: 454–459.
177頁：Sato Y. et al.（2014）Anthropological Science 122: 131-136.
178頁：Kuon S. Y. et al.（2015）Forensic Science International 19: 42–46.
179頁：Tanaka M. et al.（2004）Genome Research 14: 1832-1850.
184頁：古畑種基（1962）血液型の話.岩波新書.
184頁：Fujita Y. et al.（1978）Japanese Journal of Human Genetics 23:63-109.
184頁：Nakajima H. et al.（1967）Japanese Journal of Human Genetics 12:29-37.
184頁：Misawa S. et al.（1974）Journal of Anthropological Society of Nippon 82: 135-143.
186頁：Roychoudhury A. and Nei M.（1988）Human polymorphic genes: world distribution. Oxford University Press.
186頁：Jones S. et al. eds.（1992）The Cambridge encyclopedia of human evolution. Cambridge University Press.
186頁：Darwin C.（1859）Origin of species. John Murray.
187頁：斎藤成也（2016）歴誌主義宣言.ウェッジ.
189頁：斎藤成也（2015）歴史研究 636: 10-11.
189頁：長田夏樹（2010）邪馬台国の言語. 学生社.
190頁：石原道博訳（1985）新訂 魏志倭人伝・後漢書倭伝・宋書倭国伝・隋書倭国伝. 岩波文庫.
191頁：倉野憲司訳（1963）古事記. 岩波文庫.
192頁：呉秀三（1967）シーボルト先生1. 東洋文庫, 70頁.
巻末解説
195頁：木村資生（1988）　生物進化を考える. 岩波新書.
203頁：Patterson N. et al.（2006）PLoS Genetics 2: e190.
あとがき
205頁：斎藤成也監修（2016）DNAからわかった日本人のルーツ.　別冊宝島.

著者による本書のホームページ:
http://www.saitou-naruya-laboratory.org/My_books/My_Book_11_0017.html

さくいん

斎藤成也　さいとう・なるや

1957年、福井県生まれ。国立遺伝学研究所集団遺伝研究部門教授。総合研究大学院大学生命科学研究科遺伝学専攻教授、東京大学大学院理学系研究科生物科学専攻教授を兼任。さまざまな生物のゲノムを比較し、人類の進化の謎を探る一方、縄文人など古代ＤＮＡ解析を進めている。著書に『日本列島人の歴史』（岩波ジュニア新書）、『歴誌主義宣言』（ウェッジ）、『ＤＮＡから見た日本人』（ちくま新書）ほかがある。

核DNA解析でたどる
日本人の源流

2017年11月５日　初版発行
2018年１月10日　２刷発行

著者——斎藤成也

発行者——小野寺優

発行所——株式会社河出書房新社

〒151-0051　東京都渋谷区千駄ヶ谷2-32-2

電話(03)3404-1201(営業)

http://www.kawade.co.jp/

企画・編集——株式会社夢の設計社

〒162-0801　東京都新宿区山吹町261

電話(03)3267-7851(編集)

組版——イールプランニング

印刷・製本——中央精版印刷株式会社

Printed in Japan ISBN978-4-309-25372-5